ISBN 978-3-662-23242-2   ISBN 978-3-662-25263-5 (eBook)
DOI 10.1007/978-3-662-25263-5

Die in den Sitzungsberichten Abt. I und Abt. II der math.-nat. Klasse der Österr. Akad d Wiss. erscheinenden Abhandlungen werden auch einzeln abgegeben. Sie können durch jede Buchhandlung oder direkt durch die Auslieferungsstelle der Österreichischen Akademie der Wissenschaften (Wien I, Singerstraße 12) bezogen werden.

Nachfolgende Abhandlungen aus dem Fache **Astronomie** sind erschienen:

1950 (S II a, Bd. 159):

Haupt H.: Über Phasenkoeffizienten und Albedo der kleinen Planeten Ceres, Palls, Juno und Vesta, 20 Seiten. S 21.60
Nikoloff I.: Definitive Bahnbestimmung des Kometen 1936 III (Kaho-Kozik.-Lis), 17 Seiten. S 20.40
Pastor M.: Die Feuerkugel vom 4. Jänner 1945, $17^h 52^m$ MEZ., 22 Seiten. S 16.—
Socher H.: Die Polhöhe der Universitäts-Sternwarte Wien. 10 Seiten. S 8.60
Socher H.: Veränderliche Fundamentalsterne der „Potsdamer Durchmusterung" (mit 2 Abbildungen), 9 Seiten. S 7.20

1951 (S II a Bd. 160):

Eichhorn H.: Die Genauigkeit einer Kreisbahnbestimmung, 15 Seiten. S 8.50
Schrutka-Rechtenstamm Erna: Definitive Bahnbestimmung des Kometen 1932 I, 25 Seiten S 19.80
Senftl E.: Definitive Bahnbestimmung des Kometen 1930 V (Forbes), 15 Seiten. S 13.60

1952 (S II a, Bd. 161):

Ferrari d'Occhieppo K.: Die Häufigkeitsfunktion der Sternmassen (mit 3 Abbildungen), 31 Seiten. S 22.50
Hopmann J.: Selenodätische Untersuchungen, 46 Seiten. S 23.90
Krumpholz H.: Beobachtungen von Kometen und von (433) Eros, 2 Seiten. S 2.20
Nikoloff I.: Photographische Positionen an Normal-Astrographen, 2 Seiten. S 2.20
Schütte K.: Galaktozentrische Bahnelemente von 1026 Fixsternen in der nächsten Umgebung der Sonne (mit 3 Abbildungen), 72 Seiten. S 27.—
Schrutka-Rechtenstamm G.: Definitive Bahnbestimmung des Kometen 1930 III, 21 Seiten. S 8.—

1953 (S IIa, Bd. 162):

Eichhorn H.: Ein verkürztes Verfahren zur exakten Bestimmung von Schrauben- oder Skalenfehlern und Untersuchung des Töpferschen Meßapparates der Wiener Universitäts-Sternwarte (mit 1 Abbildung und 1 Tafel). S 21.50
Hopmann J.: Photometrie von 420 visuellen Doppelsternen. S 35.80
Hopmann J.: Beobachtungen der totalen Mondesfinsternis vom 30. Jänner 1953 auf der Universitäts-Sternwarte Wien (mit 4 Abbildungen). S 18.70
Hopmann J.: Photometrisch-kolorimetrische Beobachtungen von visuellen Doppelsternen. S 19.20
Schrutka-Rechtenstamm G.: Definitive Bahnbestimmung des Kometen 1932 V (Peltier-Whipple). S 29.40
Schütte K.: Galaktozentrische Bahnelemente von 1026 Fixsternen in der nächsten Umgebung der Sonne (mit 5 Abbildungen). S 27.—
Widorn Th.: Die atmosphärischen Verhältnisse bei astronomischen Beobachtungen in Wien (mit 7 Abbildungen). S 7.20

1954 (S II, Bd. 163):

Ferrari d'Occhieppo K.: Leuchtkraftfunktionen und Heß-Diagramm im Bereich der Weißen Zwerg-Sterne (mit 2 Abbildungen). S 14.30
Hopmann J.: Photometrisch-kolorimetrische Beobachtungen von visuellen Doppelsternen. II. Beobachtungen mit dem Rotkeil-Kolorimeter. S 14.90
Hopmann P.: Photometrisch-kolorimetrische Beobachtungen von visuellen Doppelsternen. III. Beobachtungen mit dem Blau-Rot-Keil-Kolorimeter. Diskussion des Gesamtmaterials. Die Farbenhelligkeitsverteilung. S 21.30
Hopmann J.: Der Doppelstern ADS 11632. S 14.30

Neureduktion der 150 Mondpunkte der Breslauer Messungen von J. Franz

Von

G. Schrutka-Rechtenstamm (Wien)

(Vorgelegt in der Sitzung vom 30. Jan. 1958)

Zusammenfassung

In der vorliegenden Arbeit wurden die 150 Punkte von Franz neu reduziert. Hierbei wurde die genaue Librationstheorie verwendet, wie sie von Hayn und Koziel ausgearbeitet wurde, und die Librationskonstanten des Verf., die aus einer zusammenfassenden Bearbeitung des bestehenden Materials von Hartwig in Bamberg und der Kasaner Beobachtungen entstanden waren.

Die Messungen der fünf Lickplatten, die Franz verwendete, waren in neun Sektoren angeordnet, zu denen dann noch ein Nachtrag kam. Zunächst wurde getrachtet, alle Sektoren derselben Platte auf dasselbe System zu bringen, was jedesmal durch eine Großausgleichung (mit 44—48 Unbekannten) erreicht wurde. Dadurch ist gesichert, daß keine systematischen Fehler der Sektoren vorkommen können.

Nachher wurden die durch das vorherige Ausgleichsverfahren erhaltenen Örter der Fundamentalpunkte in die absoluten selenozentrischen Koordinaten übergeführt, wobei die Reduktionskonstanten wiederum durch eine Großausgleichung erhalten wurden. Bei dieser Ausgleichung wurden sowohl die Platten wie die Heliometermessungen benutzt und ebenso wurde durch diese Großausgleichung erreicht, daß sämtliche Messungen (alle Platten und Heliometer) demselben System angehören.

Mit den so ermittelten Reduktionskonstanten wurden sämtliche 150 Punkte neu reduziert, wobei jedesmal alle drei rechtwinkeligen Koordinaten ξ, η, ζ erhalten wurden (samt ihren mittleren Fehlern). Die

Annahme, daß die Punkte auf einer Kugeloberfläche liegen (also $\xi^2 + \eta^2 + \zeta^2 = 1$) wurde mit ganz wenigen Ausnahmen (wo das Material unzureichend war), nirgends gemacht, so daß absolute Mondgebirgshöhen bestimmt werden konnten. Diese haben einen durchschnittlichen mittleren Fehler von $\pm$ 0,7 km und erreichen selten Beträge über 3 km.

Auf diese Art konnte eine neue Mondhöhenschichtenkarte gezeichnet werden. Weiters wurde auch noch untersucht, wie weit es möglich ist, die Mondgestalt durch ein dreiachsiges Ellipsoid zu approximieren.

I. Einleitung

Bereits in einer früheren Arbeit [1] wurden von mir die Heliometerbeobachtungen von acht Fundamentalpunkten auf dem Monde von J. Franz neu reduziert. Hierzu war Anlaß gegeben, da Franz um 1895 einzelne Einflüsse nicht sorgsam genug berücksichtigte.

Vor allem wurde eine nicht ganz richtige Formel für die physische Libration verwendet, da die Theorie damals noch nicht genügend ausgearbeitet war. Eine solche Ausarbeitung erfolgte später durch Hayn, der sie selbst später noch verbesserte, wozu noch weitere Verbesserungen durch Koziel kamen. Trotzdem dienten bisher die Messungen von Franz als Grundlage für alle anschließenden selenodätischen Arbeiten, einschließlich der von Saunder, da Hayn nur wenige Örter vermessen hatte. Außerdem wurden inzwischen noch verbesserte Librationskonstanten ermittelt.

Franz [2] ermittelte die Örter von 150 Punkten, indem er an die heliometrisch bestimmten 9 Fundamentalpunkte 141 weitere anschloß. Dabei dienten ihm fünf Platten der Lick-Sternwarte als Grundlage. In seiner Arbeit teilte Franz glücklicherweise auch die jedesmaligen Messungen (bloß reduziert wegen Schraubenfehlern) mit, so daß eine vollständige Neureduktion möglich ist, was in dieser Arbeit geschehen ist.

Als Librationskonstanten wurden dieselben benutzt wie in meiner früheren Arbeit. Diese wurden aus einer Überarbeitung der Beobachtungen von Hartwig in Bamberg sowie derer aus Kasan erhalten. Hierbei wurden das erste Mal alle Beobachtungen zu einem Gesamtmittel vereinigt [3], so daß diese Konstanten wohl die besten derzeit verfügbaren sind.

Sie lauten

$$I = 1° 31' 52''$$
$$f = 0{,}625 \qquad \Bigg\} \qquad (1)$$

und dazu kommen als Koordinaten von Mösting A

$$\left. \begin{array}{ll} \xi = -0{,}08992 & \lambda = -5° 9' 47'' \\ \eta = -0{,}05551 & \beta = -3° 10' 47'' \\ \zeta = +0{,}99521 & h = 933{,}''33 \end{array} \right\} \quad (2)$$

Als Einheit von ξ, η, ζ gilt hier wie in der früheren Arbeit der Mondradius nach E. Brown (mittl. Mondradius $932{,}''58$, entsprechend 1738,0 km). Es möge aber auch hier ausdrücklich betont werden, daß damit nicht gesagt ist, der Mondradius sei genau so groß, vielmehr wird er für die verschiedenen Mondpunkte entsprechend ihrer absoluten Höhe verschieden ausfallen. Diese Zahl legt also nur das absolute Nullniveau fest.

Die obigen Koordinaten von Mösting A wurden erhalten, indem man das Koordinatensystem so wählte, daß der Mondmittelpunkt als Mittelpunkt des Kreises erscheint, den man erhält, wenn man an den Mondrand die Korrektionen nach Hayn anbringt. Dementsprechend erscheint auch alles übrige auf diesen Mittelpunkt bezogen.

Dieser Mittelpunkt braucht sich nicht mit dem Schwerpunkt zu decken. Auf den Schwerpunkt aber wurde nicht bezogen, da sich dieser nur sehr schwer feststellen läßt. Vor allem in Länge ist dies kaum möglich, da sich die Ortsveränderungen von Mondkratern infolge von Schwerpunktslage derart mit Wirkungen der Mondbahn vermengen, daß eine Trennung kaum möglich ist. In Breite ist dies eher möglich (durch Deklinationsbeobachtungen und Vergleich mit der Theorie). Es wurde auch bereits ermittelt, daß der Schwerpunkt etwa ½'' nördlicher liegt als der Mittelpunkt[1].

Sollte man später einen anderen Punkt als Mondmittelpunkt erklären (was übrigens eine systematische Änderung des Haynschen Mondprofils zur Folge hätte), so ist es sehr einfach diesbezüglich die Reduktion vorzunehmen, denn die ξ, η, ζ ändern sich dabei nur um additive Konstanten, die für alle Punkte dieselben sind.

---

[1] In meiner früheren Arbeit [1] steht auf S. 99 versehentlich „südlicher" statt „nördlicher". Dieser Fehler sei hiermit berichtigt.

II. Libration bei den fünf von Franz verwendeten Lickplatten Plan für die Reduktion

Da seit der Breslauer Arbeit von Franz die Librationstheorie verbessert wurde, mußten bei den fünf Lickplatten auch die Librationswerte neu berechnet werden. Dazu dienten dieselben Formeln wie in der vorigen Arbeit ([1], Nr. (3) bis (14)), nur waren natürlich die Formeln (4) und (6) zu ändern, da die Aufnahmen auf Mt. Hamilton (und nicht wie in [1] in Königsberg) erfolgten. Da diese Librationsdaten hier fundamentale Bedeutung haben, wurden sie zur Sicherheit auch nach anderen Formeln berechnet, und zwar nach ganz strengen (die Formeln (12) der Arbeit [1] sind denen im Nautical Almanac nachgebildet und sind mit einem Höchstfehler von $0\overset{\circ}{.}001$ genähert). Die Librationsdaten sind in Tab. 1 (am Schluß der Arbeit) angeführt.

Es wäre nun das einfachste gewesen, mit Hilfe der Koordinaten ξ, η, ζ der Fundamentalpunkte, wie sie aus den Heliometermessungen abgeleitet wurden (siehe [1] V, S. 114—115), die Plattenkonstanten zu bestimmen und mit diesen die Örter der übrigen Krater zu erhalten.

Dieses Verfahren wäre auch richtig gewesen, wenn man sich unbedingt auf die heliometrisch bestimmten Örter verlassen könnte. Es zeigte sich aber sehr bald, daß die innere Übereinstimmung der photographischen Örter untereinander wesentlich besser ist als der mittlere Fehler der heliometrischen Örter. Würde man also alles auf die heliometrisch bestimmten Örter beziehen, so entstände ein beträchtlicher Verlust an Genauigkeit. (Die Verhältnisse liegen ähnlich wie beim Anschluß einer Astrographenplatte an Meridiankreisörter.) Besonders ζ wäre mitbetroffen, denn die Librationsunterschiede waren bei den Heliometermessungen nicht allzugroß und damit war ζ bei diesen Messungen recht unsicher. Bei den Lickplatten wurden aber im Gegenteil von Franz besonders solche ausgewählt, die recht große Librationsunterschiede haben. So besteht also Aussicht, wesentlich bessere ζ-Werte zu erhalten und damit bessere absolute Höhen, ja man gewann sogar den Eindruck, daß die in [1], V mitgeteilten absoluten Höhen kaum reell sind und man mindestens ein ebensogutes Resultat erhalten hätte, wenn man $\xi^2 + \eta^2 + \zeta^2 = 1$ gesetzt hätte. Die absoluten Höhen aber, die im folgenden abgeleitet werden, dürften im wesentlichen reell sein. Sie übersteigen selten 3 km.

Das wichtigste war zunächst, dafür Sorge zu tragen, daß die Kraterörter in den verschiedensten Teilen des Mondes demselben System angehören, daß also keine systematischen Abweichungen der verschiedenen Teile vorkommen. Um dies zu erreichen, wurde keine Mühe gescheut, auch wenn Gleichungssysteme mit ca. 40 Unbekannten zu lösen waren. Es wurde zunächst getrachtet, die Messungen sämtlicher Sektoren der Breslauer Vermessung auf ein Einheitssystem zu bringen, damit ein jeder in demselben System aufgefaßt ist. Nachher wurden dann die Einheitssysteme jeder Platte auf die absoluten Koordinaten reduziert, wobei auch besonders darauf Gewicht gelegt wurde, daß sämtliche Platten dasselbe System ergeben. So sind also höchstens systematische Fehler zu fürchten, die das ganze System verdrehen oder den Maßstab verfälschen.

III. Schaffung eines Einheitssystems für jede Platte

Die Messungen erfolgten bei Franz so, daß sämtliche Formationen in 9 „Sektoren" eingeteilt wurden und jeder Sektor auf einmal durchgemessen wurde, wozu dann jedesmal noch eine Serie nachträglicher Messungen kam. Im Zusammenhang mit jedem Sektor wurden die Koordinaten der 9 Fundamentalpunkte (Mösting A, Proclus, Macrobius A, Sharp A, Aristarch, Gassendi ζ, Byrgius A, Nicolai A und Janssen K) mitgemessen, soweit sie auf den Platten überhaupt zu messen waren (Byrgius A wurde deshalb nur auf Platte IV und V vermessen, Aristarch nicht auf Platte II). Dabei wurden die Fundamentalpunkte, die in der Nähe des Sektors lagen, oft zwei- bis dreimal vermessen, die anderen meist nur einmal. Es war also an diese Punkte anzuschließen, um die Koordinaten der anderen Punkte zu erhalten. Gleichzeitig geben diese Fundamentalpunkte die Möglichkeit, die Sektoren aufeinander zu reduzieren.

Franz gibt bei jedem Sektor unter der Überschrift „Skale" die Messungen[2] von x_1, x_2, y_1, y_2. x_2 war dabei in der Gegenrichtung von x_1 gemessen, senkrecht dazu y_1 und y_2, und zwar wieder y_2 in der Gegenrichtung von y_1. Man konnte daher als die beiden Koordinaten $x_2 - x_1$

---

[2] Unter x_1, x_2, y_1, y_2 ist hier stets der Wert gültig, der unter der Überschrift „Skale" angeführt ist.

und $y_2 - y_1$ ansehen. $x_2 + x_1$ und $y_2 + y_1$ sollten für jeden Punkt gleich groß sein, was eine Prüfungsmöglichkeit für die Richtigkeit der Messungen ergab.

Es wurden zuerst die $x_2 - x_1$ und $y_2 - y_1$ der Fundamentalpunkte für jeden Sektor zusammengestellt.

Es seien nun
$$x_2 - x_1 = x_{ik} \qquad y_2 - y_1 = y_{ik}$$

(i = Nummer des Sektors; $i = 1, 2, \ldots 9$, N = Nachtrag; k = Nummer des Fundamentalpunktes).

Diese x_{ik}, y_{ik} des gleichen Punktes können aus folgenden Ursachen verschieden sein: erstens wegen der Lage des Nullpunkts auf den Platten, zweitens wegen Verdrehung. Es zeigte sich im allgemeinen, daß nur die Nullpunktsverschiebung eine Rolle spielt. Es wurden die Gleichungen aber zuerst immer so aufgelöst, daß eine Drehung miterfaßt wird. Hingegen wurde die gegenseitige Rechtwinkligkeit der x_{ik} und y_{ik} sowie deren gleicher Maßstab vorausgesetzt, was wohl durch das Meßverfahren von Franz garantiert ist.

Es seien nun x_k^0, y_k^0 genäherte Koordinaten für die Fundamentalpunkte und Δx_k, Δy_k deren Verbesserungen.

Es müßten sich nun bei allen Sektoren die Werte $x_k = x_k^0 + \Delta x_k$ und $y_k = y_k^0 + \Delta y_k$ innerhalb der Meßfehler ergeben, wenn die Platten bei allen Sektoren gleich gelegen wären. Da die Platte bei den verschiedenen Sektoren aber verschoben und eventuell verdreht war, so müssen zunächst alle Sektoren auf eine Normallage reduziert werden[3].

Der Punkt $x = 0$, $y = 0$ der Normallage soll dem Punkte $x = f_i = f_i^0 + \Delta f_i$, $y = g_i = g_i^0 + \Delta g_i$ im System des einzelnen Sektors entsprechen, außerdem sei α_i (in absolutem Winkelmaß) der Winkel, um den das System des Sektors gegenüber der Normallage verdreht ist (f_i^0, g_i^0 Näherungswerte für f_i, g_i).

Es seien nun
$$\left. \begin{array}{l} x_{ik} = x_k^0 - f_i^0 + \Delta x_{ik} \\ y_{ik} = y_k^0 - g_i^0 + \Delta y_{ik} \end{array} \right\} \qquad (3)$$

---

[3] Man hätte auch alle Sektoren auf einen von ihnen reduzieren können, was bedeutend weniger Arbeit gegeben hätte. Dieses Verfahren wurde jedoch abgelehnt, weil damit einem der Sektoren eine nicht gerechtfertigte Vorzugsstellung verliehen worden wäre.

Dann lauten die Fehlergleichungen für Δf_i, Δg_i, α_i, Δx_k, Δy_k

$$\left.\begin{array}{l}\Delta x_{ik} + \alpha_i (y_k^0 - g_i^0) + \Delta f_i - \Delta x_k = 0 \\ -\alpha_i (x_k^0 - f_i^0) + \Delta y_{ik} + \Delta g_i - \Delta y_k = 0\end{array}\right\} \qquad (4)$$

In diesen Fehlergleichungen repräsentieren die Δx_{ik}, Δy_{ik} die Abweichungen der Messungen von einer Kombination der vorläufigen Werte nach (3), sind also gegebene Größen. Hingegen sind Unbekannte Δx_k, Δy_k, Δf_i, Δg_i, α_i (also es sind z. B. bei 10 Sektoren und 9 Punkten 48 Unbekannte vorhanden, bei 10 Sektoren und 7 Punkten 44 Unbekannte). Hiebei wurden die x_k^0, y_k^0, f_i^0, g_i^0 gewöhnlich auf 1 Dezimale angesetzt, denn dies genügte, um die differentielle Korrektion genügend klein zu bekommen und die Dreheffekte richtig darzustellen.

Die Normalgleichungen, die aus den Fehlerquellen folgen, lauten:

$$\sum_k [\Delta x_{ik} + \alpha_i (y_k^0 - g_i^0) + \Delta f_i - \Delta x_k] \cdot p_{ik} = 0 \qquad (5\,\mathrm{a})$$

$$\sum_k [-\alpha_i (x_k^0 - f_i^0) + \Delta y_{ik} + \Delta g_i - \Delta y_k] \cdot p_{ik} = 0 \qquad (5\,\mathrm{b})$$

$$\sum_i - [\Delta x_{ik} + \alpha_i (y_k^0 - g_i^0) + \Delta f_i - \Delta x_k] \cdot p_{ik} = 0 \qquad (5\,\mathrm{c})$$

$$\sum_i - [-\alpha_i (x_k^0 - f_i^0) + \Delta y_{ik} + \Delta g_i - \Delta y_k] \cdot p_{ik} = 0 \qquad (5\,\mathrm{d})$$

$$\left.\begin{array}{l}\sum_k [\Delta x_{ik} + \alpha_i (y_k^0 - g_i^0) + \Delta f_i - \Delta x_k] \cdot p_{ik} (y_k^0 - g_i^0) + \\ + \sum_k - [-\alpha_i (x_k^0 - f_i^0) + \Delta y_{ik} + \Delta g_i - \Delta y_k] \cdot p_{ik} (x_k^0 - f_i^0) =\end{array}\right\} \qquad (5\,\mathrm{e})$$

Im ganzen z. B. bei 10 Sektoren und 9 Punkten 48 Gleichungen. p_{ik} bedeutet dabei die Anzahl, wie oft der betreffende Krater gemessen wurde, stellt also das Gewicht der darauf bezüglichen Fehlergleichung dar.

Die Aufstellung dieser Normalgleichungen machte keine große Arbeit, um so langwieriger war aber deren Auflösung. Daß diese überhaupt möglich war, ist zum Teil dem Schema von Vasilevskis [4] zur Auflösung von Normalgleichungen zu verdanken, zum anderen Teil der Tatsache, daß sich die Gleichungen in zwei Gruppen spalten ließen und bei der Elimination weitere Vereinfachungen möglich waren.

Diese Vereinfachungen waren folgende:

Die Unbekannten Δx_k, Δf_i kommen nur in (5a), (5c), (5e) vor, die Unbekannten Δy_k, Δg_i hingegen nur in (5b), (5d), (5e). Man kann also ohneweiters Δx_k, Δf_i mittels der Gleichungen (5a), (5c) eliminieren, ohne sich um (5b), (5d) zu kümmern, ebenso Δy_k, Δg_i aus (5b), (5d); dann bleibt bloß ein System mit den α_i (10 Gleichungen).

Eliminiert wurden zunächst Δf_i, Δg_i mittels der Gleichungen (5a), (5b); wegen der in den Koeffizienten der Normalgleichungen vorkommenden Nullen kann die Elimination dieser je 10 Gleichungen in einem Schritte vollzogen werden und auch in den Gleichungen (5e) bleiben nach der Elimination nur die Diagonalglieder, wie sich leicht zeigt.

Der nächste Schritt ist dann die Elimination der Δx_k, Δy_k, die allerdings schrittweise erfolgen mußte. Eine wertvolle Rechenkontrolle ergab sich daraus, daß stets die Summe aller Δx_k bzw. Δy_k betreffenden Koeffizienten 0 sein mußte[4]. War dies infolge von Abrundungsfehlern nicht erfüllt, so wurden die Koeffizienten so geändert, daß diese Beziehung erfüllt war, und zwar der Koeffizient, wo dies den geringsten Fehler verursachte, so wurde z. B. etwa 0,1243 nicht zu 0,12, sondern zu 0,13 gerundet, wenn dieser Zweck es erforderte.

Auf diese Art waren schließlich Δf_i, Δg_i, Δx_k, Δy_k eliminiert und es blieben 10 Gleichungen mit den α_i als Unbekannte. Auch hier mußte sich die Summe aller Koeffizienten zu 0 ergeben, denn man kann ebenso zu jedem α_i eine additive Konstante hinzufügen, ohne daß sich die Darstellung ändert, da dies nur eine Verdrehung der Normallage bedeutet.

Nach Auflösung dieser 10 Gleichungen ergeben sich nun die α_i und weiter die Δx_k, Δy_k, Δf_i, Δg_i (eines von den α_i, eines von Δx_k, Δf_i und eines von Δy_k, Δg_i kann man dabei zu 0 ansetzen aus den obigen in der Fußnote mitgeteilten Gründen).

Es zeigte sich dabei in der Regel, daß man den Beobachtungen

---

[4] Dies folgt nämlich daraus, daß sich Fehler- und Normalgleichungen genau so erfüllen lassen, wenn man zu allen Δx_k und zu allen Δf_i dieselbe Konstante hinzufügt (denn dies bedeutet nur eine Parallelverschiebung der Normallage). Aus diesem Grund muß die Summe aller Δf_i und Δx_k betreffenden Koeffizienten stets 0 sein, eine Eigenschaft, die auch nach jeder Elimination erhalten bleibt. Ebenso für Δy_k und Δg_i.

keine Gewalt antat, wenn man alle α_i außer α_N einander gleich setzte (d. h. man konnte ohne weiteres $\alpha_i = 0$ setzen). Es waren also die Lagen der verschiedenen Sektoren nur parallel verschoben, nicht gegeneinander verdreht. Dies erscheint auch glaubwürdig, da, wie die angegebenen Messungstage beweisen, offenkundig alle Sektoren hintereinander gemessen wurden und die Platte inzwischen nicht aus dem Meßapparat genommen wurde. Dies gilt in der Regel auch für Einzelgruppen der Sektoren, die nachträglich gemessen wurden ([2], S. 30), wie aus deren Datum hervorgeht. Jedoch gilt dies nicht für die Nachtragsmessungen ([2], S. 31—33, hier mit Index N bezeichnet), denn hier war die Platte inzwischen herausgenommen worden. Deshalb wurde auch stets α_N mitgenommen, während die anderen α_i gleich 0 gesetzt werden konnten. Nur bei Platte III war dies nicht zulässig. Hier ergab sich, daß die Sektoren 1—6 alle dieselbe Lage gegenüber Drehungen hatten, hingegen waren die Sektoren 7—9 dagegen verdreht. Es war also zu setzen $\alpha_1 = \alpha_2 = \alpha_3 = \alpha_4 = \alpha_5 = \alpha_6 = 0$, $\alpha_7 = \alpha_8 = \alpha_9$, so daß zwei Größen zu bestimmen waren, nämlich α_7 und α_N (bei den anderen Platten nur α_N). Nebenbei bemerkt war beim 6. Sektor der Platte III bei der y_2-Messung die Platte auch schon verdreht, die Verdrehung dürfte also zwischen der y_1-Messung und der y_2-Messung des 6. Sektors erfolgt sein. Außerdem ist offenbar bei Platte IV Nachtrag x_2-Messung eine Verdrehung zwischen der 1. und der 2. Reihe von Fundamentalpunkten vorgekommen. Genauer läßt sich dies nicht mehr feststellen. Deshalb wurde auch bei Platte IV für die x-Koordinate und für die y-Koordinate ein anderer α_N-Wert verwendet.

Mit Hilfe der so erhaltenen provisorischen Δx_k, Δy_k, Δf_i, Δg_i, α_i wurden nun für jede einzelne Messung (x_1-, x_2-, y_1-, y_2-Messung jede separat) die B-R gebildet, um zu beurteilen, ob nicht einzelne Messungen mehr als zulässig abweichen.

In der Regel wurde eine Messung dann ausgeschlossen, wenn sie um mehr als 0,030 mm von ihrem Sollwert abwich. Dies geschah so. Wurde z. B. die x_2-Messung ausgeschlossen, so wurde für sie ein Ersatzwert berechnet, indem zunächst das Mittel aller für gültig erklärten $(x_1 + x_2)$ Werte des betreffenden Sektors der betreffenden Platte gebildet wurde und von diesem Mittel der x_1-Wert abgezogen wurde. Auf diese Art wurde dann ein neues $x_{ik} = x_2 - x_1$ gebildet, dieser x_{ik}-Wert erhielt dann aber bloß das Gewicht 0,5. Wenn aber bei einem Punkt etwa drei x_1-Werte und drei x_2-Werte gemessen waren und von denen ein x_2-Wert ausgeschlossen wurde, dann wurden die fünf Abweichungen vom Sollwert gemittelt und entsprechend angebracht. Der x_{ik}-Wert erhielt dann unter diesen Umständen das Gewicht 2,5. Dasselbe geschah, wenn eine Messung überhaupt ausgeblieben war.

Wurde eine Messung wiederholt ([2], S. 30), so wurde das Mittel aus der ursprünglichen Messung und der Wiederholungsmessung benutzt, ohne daß wegen der Wiederholungsmessung ein erhöhtes Gewicht gegeben wurde (da angenommen wurde, daß dies nur geschah, wenn irgend etwas nicht ganz in der Ordnung schien).

Es sind aber die Nachmessungen oft um ein namhaftes Stück parallel verschoben. Um diese in demselben System zu haben, wurden an die Nachmessungen zunächst folgende Korrektionen angebracht:

Platte I   Sektor 7 x_2-Nachmessung keine Korrektion[5]
Platte II Sektor 1 x_2-Nachmessung — 1,609 als Korrektion
           Sektor 1 y_2-Nachmessung keine Korrektion
           Sektor 2 x_1-Nachmessung + 0,074 als Korrektion
           Sektor 6 y_2-Nachmessung keine Korrektion[5]
           Sektor 7 y_2-Nachmessung + 0,040 als Korrektion   (6)
           Sektor 8 x_1-Nachmessung + 2,600 als Korrektion
Platte III Sektor 3 y_2-Nachmessung wurde bei Ermittlung des Systems der Normallage nicht benutzt; später bei der Reduktion der großen Masse der Krater wurde an diese als Korrektion angebracht: — 0,031 — 0,00015 x

Mit den Werten x_{ik}, y_{ik}, die durch Ausschluß der als ungeeignet befundenen Messungen erhalten wurden, wurde die Ausgleichung wieder vorgenommen, diesmal aber bei den α nur α_N mitgenommen (bei Platte III auch noch $\alpha_7 = \alpha_8 = \alpha_9$). Deren Auflösung wurde dann als endgültig betrachtet.

---

[5] Wenn bei der Mitteilung der eine Wert nicht vorhanden war, wurde an den anderen 0,004 bzw. 0,012 als Korrektion angebracht, da zwischen beiden Messungen doch ein kleiner systematischer Unterschied von 0,008 bzw. 0,024 vorhanden war. Wenn beide Werte (ursprüngliche Messung und Nachmessung vorhanden waren, fiel dies von selbst heraus, da das System von Messungen (Tab. 2 am Schluß verwendet dieses System) so festgelegt wurde.

So ergaben sich als Reduktion auf die Normallage die Formeln der Tab. 2 (am Schluß). Auf diese Normallage bezogen, ergaben sich dann als Koordinaten der Fundamentalpunkte die Werte der Tab. 3 (am Schluß).

Hiebei wurden folgende Messungen wegen zu großer Abweichung ausgeschlossen:

1. Grundsätzlich alle Messungen der I. Platte, die sich auf Janssen K beziehen, ebenso alle Messungen der III. und V. Platte, die sich auf Aristarch beziehen. Denn diese Messungen klafften derart untereinander, daß es nicht rätlich erschien, sie bei der Herstellung eines Systems von Normalkoordinaten zu verwenden. (In der Tabelle 3 am Schluß sind die darauf bezüglichen Werte wohl angeführt, aber eingeklammert; es sind einfach die Werte eingesetzt, die man erhält, wenn man an die Meßwerte die Formeln der Tab. 2 anbringt und die so erhaltenen Werte einfach mittelt, ohne sich um irgend etwas weiter zu kümmern; die eingeklammerten Werte sind in der weiteren Rechnung nicht mehr verwendet worden).

2. Folgende Einzelmessungen:

Platte I

Sektor 1: zweite und dritte x_1-Messung und erste x_2-Messung von Mösting A sowie x_1-Messung von Nicolai A.

Sektor 2: zweite y_2-Messung von Macrobius A.

[bei Sektor 3 gehören die letzten für Proclus angegebenen x_1-, x_2-, y_2-Messungen nicht Proclus, sondern Aristarch an, sie wurden dementsprechend reduziert].

Nachtrag: erste x_1-Messung von Macrobius A

Platte II

Sektor 1: die y_2-Nachmessung von Nicolai A und die zweite y_2-Nachmessung von Macrobius A

Sektor 3: die x_1-Messung von Proclus und die zweite x_2-Messung von Sharp A

Sektor 4: die zweite und die dritte x_2-Messung von Sharp A und die y_1-Messung von Nicolai A

Sektor 7: die erste y_2-Nachmessung von Nicolai A und die dritte y_2-Nachmessung von Gassendi ζ

Sektor 8: die y_2-Messung von Sharp A

Sektor 9: die y_2-Messung von Nicolai A

Nachtrag: die zweite y_2-Messung von Gassendi ζ

Platte III

Sektor 1: die zweite y_1-Messung von Janssen K

Sektor 3: die y_1-Messung von Nicolai A

Platte IV

Sektor 3: die x_2-Messung von Byrgius A₃

Sektor 4: die y_2-Messung von Aristarch

Sektor 7: die x_1- und die y_2-Messung von Aristarch

Nachtrag: die zweite Hälfte der x_2-Messungen (diese dürften gegen die übrigen verdreht gewesen sein) [bei y_1 und y_2 des Nachtrags beziehen sich die für Sharp A angegebenen Messungen nicht auf diesen, sondern auf Gassendi ζ], außerdem x_1-, y_1- und y_2-Messung von Aristarch.

Platte V: keine Messung wurde gestrichen [bei Sektor 4 bezieht sich bei Gassendi ζ die zweite y_1-Messung nicht auf diesen, sondern auf Sharp A]

Außerdem fand sich an Druckfehlern und Nichtübereinstimmungen

Platte I

Sektor 2: bei Plinius A x_1-Messung statt 236,791 richtig 237,791

Sektor 3: bei Condamine A x_1-Messung statt − 32,245 richtig − 32,145

Platte II

Sektor 4: 6. Mondpunkt von unten heißt nicht Grimaldi A, sondern richtig Lohrmann A

Sektor 6: bei Hippalus A y_1-Messung statt 221,513 richtig 321,513

Sektor 8: bei Mösting A y_1-Messung statt 291,916 richtig 291,961

Theon senior und Theon junior sind vertauscht, bei Pons c x_2-Messung statt 330,363 richtig 330,103

Platte III

Sektor 1: bei Nicolai A erste y_1-Messung stimmen Skale und Mitte der Mondscheibe nicht zusammen (verwendet wurde Wert unter Skale)

Sektor 3: bei Mösting A letzte x_1-Messung stimmen Skale und Mitte der Mondscheibe nicht zusammen (verwendet wurde Wert unter Skale)

Sektor 5: bei Nicolai A y_2-Messung stimmen Skale und Mitte der Mondscheibe nicht zusammen (verwendet wurde Wert unter Skale)

Sektor 6: bei y_1-Messung von Mare Humorum J statt 228,867 richtig 226,867

Sektor 7: bei Proclus y_2-Messung statt 295,164 richtig 265,164

bei Proclus x_2-Messung stimmen Skale und Mitte der Mondscheibe nicht zusammen (verwendet wurde Wert unter Skale)

Sektor 9: bei Aristarch x_1-Messung statt 369,488 richtig 269,488

bei Silberschlag x_2-Messung statt 294,531 richtig 284,531

bei Arago A x_1-Messung stimmen Skale und Mitte der Mondscheibe nicht überein (verwendet wurde Wert unter Skale)

Platte V

Sektor 1: bei Dionys statt 9,590 richtig 9,570

bei Proclus zweiter x_1- und x_2-Messung stimmen Skale und Mitte der Mondscheibe nicht überein (verwendet wurde Wert unter Skale)

Sektor 3: bei Sharp A zweite x_2-Messung steht bei der Mitte der Mondscheibe fälschlich 282,186 statt richtig 282,086, mit diesem Rechenfehler dürfte Franz hier weitergerechnet haben.

Sektor 4: bei Lohrmann A y_2-Messung statt 338,000 richtig 238,000.

Sektor 6: bei Gassendi ζ erste y_1-Messung statt 220,306 richtig 320,306

Sektor 9: bei Mösting A zweiter x_1- und x_2-Messung stimmen Skale und Mitte der Mondscheibe nicht überein (verwendet wurde Wert unter Skale)

Platte I

Sektor 7: x_2-Nachtragsmessung statt Buch e richtig Büsching e.

Platte II

Sektor 1: bei dritter y_2-Nachtragsmessung von Mösting A statt 219,720 richtig 279,720

Sektor 8: 11. Mondpunkt von oben statt Polybius A richtig Polybius B. 4. Mondpunkt von unten statt Berg richtig Hypatia B

Nachtrag Platte I: bei Messier anon y_1-Messung statt 337,731 richtig 332,731

bei Fabricius K y_2-Messung statt 338,676 richtig 238,676

Nachtrag Platte II: bei Fracastor d y_1-Messung statt − 30,249 richtig − 29,999

Nachtrag Platte III: bei Damoiseau e x_1- und x_2-Messung statt + 13,899 und + 13,932 richtig + 3,899 und + 3,932

bei Piccolomini II, III, IV Werte für Skale bei x_1-Messung nicht richtig, die richtigen aus den x_1-Werten entnommen und rückgerechnet (statt 244,638; 243,731; 245,945 richtig 337,625; 338,532; 336,318)

Die mittlere Abweichung einer aus den Formeln der Tab. 2 (am Schluß) ermittelten Koordinate eines Punktes gegenüber deren Mittel beträgt etwa ± 0,017 mm bei einem Ort mit dem Gewicht 1 und entsprechend $\frac{\pm 0,017}{\sqrt{P}}$ beim Gewicht P. Der mittlere Fehler des Mittels beträgt danach (je nach der Zahl der Beobachtungen) etwa ± 0,003 bis ± 0,006. Es möge aber ausdrücklich betont werden, daß dies bloß der innere Fehler ist, nämlich das Abweichen der Sektoren derselben Platte untereinander, daß es aber durchaus noch möglich ist, daß die Örter (etwa durch Beleuchtungseffekte) systematisch verfälscht sind, wie dies auch die spätere Untersuchung zeigt.

IV. Reduktion der Koordinaten der Normallage auf die selenozentrischen Koordinaten

Im vorigen Kapitel wurden für sämtliche Fundamentalpunkte (und durch Anwendung derselben Reduktionsformeln auch für alle übrigen Punkte) Koordinaten für eine Normallage der Platten abgeleitet (enthalten in Tab. 3 am Schluß). Es gilt nun, diese Koordinaten auf das bekannte selenozentrische Koordinatensystem zu überführen.

Dazu muß man einerseits die Messungen der Platten untereinander kombinieren, andererseits aber auch diese mit den Heliometermessungen. Die Messungen der Platten allein können nicht alle erforderlichen Daten liefern. Denn wenn man das gesamte Koordinatensystem um einen namhaften Betrag verdrehen würde, so könnte man ohne weiteres die Plattenmessungen ebenso darstellen, ebenso könnte man alle Koordinaten mit einem Faktor multiplizieren (d. h. den Maßstab ändern), ohne die Darstellung zu verschlechtern. Sicherheit gegen Verdrehung und Maßstabänderung können nur die Heliometermessungen bieten. Deshalb müssen diese mitgenommen werden, obwohl sie bedeutend weniger genau sind als die Plattenmessungen. Die Sache wäre nur dann anders, wenn die Platten so aufgenommen wären, daß aus ihnen Orientierung und Maßstab hervorgegangen wären (etwa gleichzeitige Aufnahme eines Sternfeldes, Aufnahme von Strichspuren von Sternen u. dgl.).

Zusammen mit den Fundamentalpunkten von Franz wurde auch noch der Krater W. H. Pickering mitgenommen, der bei Franz nur zur großen Masse der angeschlossenen Punkte gehört, da von diesem exakte Messungen von Hayn vorliegen (siehe [1], wo dieser Krater in dem hier adoptierten System reduziert vorliegt). Die anderen Haynschen Krater konnten leider nicht zur Festlegung des Systems gebraucht werden, da diese bei Franz nicht einmal zu den angeschlossenen Punkten gehören. Nur bei den Randlandschaften [5] hat er diese vermessen, das ist aber in diesem Rahmen ohne Wert, denn es wird hier kein Anschluß mit den Platten der Randlandschaften hergestellt. Der Krater W. H. Pickering wurde von Franz manchmal in Sektor 8, manchmal in Sektor 9 vermessen und gestattete daher die Reduktion auf die Normallage, wenn auch nur mit einem Messungspaar. Es sind daher auch die Lagen dieses Kraters im System der Normallage in Tab. 3 (am Schluß) angeführt.

Zunächst mußten aber die Plattenmessungen wenigstens ungefähr auf das richtige System gebracht werden, damit die Überführung des so entstehenden Systems in das vollständig richtige als differentielle Korrektion erscheinen kann.

Als erster Schritt wurde zu den Koordinaten der Tab. 3 als additive Konstante hinzugefügt

	Platte I	Platte II	Platte III	Platte IV	Platte V
zu x	+ 28,25	+ 4,22	— 12,39	+ 3,45	— 18,45
zu y	+ 13,13	— 1,27	+ 39,00	+ 27,30	— 5,93

(7)

wodurch Nullpunkt des Systems und Mittelpunkt der Mondscheibe ungefähr zusammenfielen.

Nachher wurde auf einheitlichen Mondradius reduziert, und zwar durch Division durch folgende Größen:

$$\left.\begin{array}{l}\text{Platte I:} \quad 0{,}14035 \cdot 982{,}53 - 0{,}031 = 137{,}867 \\ \text{Platte II:} \quad 0{,}14035 \cdot 992{,}21 - 0{,}037 = 139{,}220 \\ \text{Platte III:} \quad 0{,}14035 \cdot 977{,}08 - 0{,}036 = 137{,}097 \\ \text{Platte IV:} \quad 0{,}14035 \cdot 894{,}47 - 0{,}049 = 125{,}490 \\ \text{Platte V:} \quad 0{,}14035 \cdot 973{,}53 - 0{,}028 = 136{,}607\end{array}\right\} \quad (8)$$

Die Zahl 0,14035 stellt dar, wie groß 1″ auf der Platte dargestellt wird (in Einheiten für x_k, y_k, die 0,5 mm entsprechen). Diese Zahl entspricht einer Äquivalent-Brennweite von 14,475 m. Bekanntlich beträgt die Brennweite des Lickrefraktors 17,7 m. Die Aufnahmen sind offenbar mit einer photographisch korrigierenden Zusatzoptik gemacht. Doch gibt Franz dafür keine Hinweise. — Der zweite Faktor ist der Mondradius in Bogensekunden. Daher ist das Produkt der Mondradius auf der Platte. Dazu kommt noch eine kleine Korrektion wegen Refraktion (und zwar des Teiles der Refraktion, der ähnlich abbildet).

Dann mußten die Mondkoordinaten noch um φ gedreht werden, und zwar ist bei

	Platte I	Platte II	Platte III	Platte IV	Platte V
φ =	229°,14	80°,09	275°,09	223°,32	64°,76

(9)

φ ist der Positionswinkel der y-Achse des in Tab. 3 verwendeten Koordinatensystems der Normallage, gezählt vom Mondnordpol aus.

Daraufhin wurde noch die Restrefraktion an die Örter angebracht. Diese beträgt, wenn die vorhin erhaltenen Koordinaten als x, y bezeichnet werden

	in x	in y	
bei Platte I	$-0{,}80 \cdot 10^{-4} \cdot y$	$+5{,}76 \cdot 10^{-4} \cdot y$	
II	$+1{,}21 \cdot 10^{-4} \cdot y$	$+0{,}82 \cdot 10^{-4} \cdot y$	
III	$-1{,}82 \cdot 10^{-4} \cdot y$	$+2{,}03 \cdot 10^{-4} \cdot y$	(10)
IV	$-1{,}45 \cdot 10^{-4} \cdot y$	$-1{,}13 \cdot 10^{-4} \cdot y$	
V	0	$+9{,}08 \cdot 10^{-4} \cdot y$	

Bei der Berechnung der Refraktion wurde von mir, da ich die genauen meteorologischen Daten nicht wußte, ein $\beta = 2{,}45 \cdot 10^{-4}$ und ein $2\beta' = -0{,}073 \cdot 10^{-4}$ zugrundegelegt (Bezeichnungen nach A. König, Handbuch der Astrophysik, Bd. I, Kap. 6), was einem Druck von 651 mm bei $+9°$ entspricht (ungefähr die Verhältnisse auf Lick). Der Einfluß etwaiger anderer meteorologischer Verhältnisse dürfte aber zu gering sein, um geachtet werden zu müssen, da es sich doch nur um eine differentielle Refraktion handelt. Daher stand es nicht dafür, die genauen meteorologischen Daten festzustellen.

Weiters wurde dann noch die Reduktion von endlicher auf unendliche Distanz angebracht im Betrag von

$$\left. \begin{array}{l} -\sin s \cdot x \cdot z \\ -\sin s \cdot y \cdot z \end{array} \right\} \qquad (11)$$

wobei x, y die nach der Drehung um φ erhaltenen Koordinaten waren und s der Mondhalbmesser. Nicht ganz einfach war dabei die Berechnung von z. Da sich gezeigt hatte, daß die ζ-Koordinate der Heliometermessungen recht unverläßlich ist, wurde beschlossen, in dieser Formel einfach

$$z = \sqrt{1 - x^2 - y^2}$$

einzusetzen, da dann die geringsten Fehler zu gewärtigen waren (dies wurde übrigens später noch verbessert, siehe unten).

Auf diese Art wurden für die Fundamentalpunkte provisorische x- und y-Werte erhalten. Es ist aber zu beachten, daß diese mit provisorischen Reduktionskonstanten erhalten wurden; diese provisorischen

x und y können daher noch parallel verschoben und auch noch gedreht und auch noch ähnlich vergrößert oder verkleinert werden.

Diese x, y wurden nun verglichen mit denen, die sich aus ξ, η, ζ nach folgenden Formeln ergeben

$$\left.\begin{aligned} x &= \xi \cos l - \zeta \sin l \\ y &= -\xi \sin b \sin l + \eta \cos b - \zeta \sin b \cos l \\ z &= \xi \cos b \sin l + \eta \sin b + \zeta \cos b \cos l \end{aligned}\right\} \quad (12)$$

(die Koeffizienten dazu stehen in Tab. 1 am Schluß).

Hierbei wurden die ξ, η, ζ benutzt, die aus den Heliometermessungen folgten (ohne Phaseneinfluß), nämlich

Mösting A ..... $\xi_A = -0{,}08992 \quad \eta_A = -0{,}05551 \quad \zeta_A = +0{,}9952\,1$
Proclus .... $\xi_B = +0{,}70178 \quad \eta_B = +0{,}27671 \quad \zeta_B = +0{,}6578$
Macrobius A ... $\xi_C = +0{,}61001 \quad \eta_C = +0{,}33450 \quad \zeta_C = +0{,}7171$
Sharp A .... $\xi_D = -0{,}45562 \quad \eta_D = +0{,}73778 \quad \zeta_D = +0{,}4862$
Gassendi ζ ..... $\xi_E = -0{,}65193 \quad \eta_E = -0{,}28258 \quad \zeta_E = +0{,}7001$
Nicolai A ...... $\xi_F = +0{,}29558 \quad \eta_F = -0{,}67440 \quad \zeta_F = +0{,}6755$
Janssen K ..... $\xi_G = +0{,}46579 \quad \eta_G = -0{,}71985 \quad \zeta_G = +0{,}5113$
W. H. Pickering $\xi_H = +0{,}72984 \quad \eta_H = -0{,}03468 \quad \zeta_H = +0{,}6815$

und für die bei der Großausgleichung nicht verwendeten Punkte

Aristarch ...... $\xi = -0{,}67471 \quad \eta = +0{,}40218 \quad \zeta = +0{,}6138$
Byrgius A ...... $\xi = -0{,}81611 \quad \eta = -0{,}41491 \quad \zeta = +0{,}4022$

Es möge übrigens bemerkt werden, daß hier und ebenso in allem folgenden die ξ- und η-Koordinaten auf 5 Dezimalen angesetzt werden, die ζ-Koordinate nur auf 4 Dezimalen. Dies ist auch überall bei der Angabe differentieller Korrektionen und bei der Angabe mittlerer Fehler zu beachten. Es geschah dies, da eine 5. Dezimale in ζ eine reine Rechengröße gewesen wäre, denn ζ geht immer nur mit Faktoren der Ordnung 0,1 in die Beobachtungen ein.

Die sich ergebenden B-R können außer wegen Meßfehlern aus folgenden Anlässen ungleich 0 sein:

Parallelverschiebung der x, y (Unbekannte X_i, Y_i; i Nummer der Platte, Einheit 10^{-5}).

Drehung (Unbekannte α_i; Einheit 10^{-5} abs. Winkeleinh. = $0°{,}000573$).

Mondradius auf der Platte nicht richtig angenommen, also Maßstab nicht richtig (Unbekannte $d\,R_t$; Einheit 10^{-5}).

Die Koordinaten des Mondpunktes nicht richtig (Unbekannte $d\,\xi_k$, $d\,\eta_k$, $d\,\zeta_k$; Einheit für $d\,\xi_k$, $d\,\eta_k$ gleich 10^{-5}; für $d\,\zeta_k$ gleich 10^{-4}).

Das sind also die Unbekannten, nach denen ausgeglichen wurde. Bei der Ausgleichung wurden die Krater Aristarch und Byrgius A nicht verwendet. Bei diesen beiden Kratern waren nämlich nur auf zwei Platten brauchbare Messungen (denn bei Aristarch wurden nur die Messungen auf Platte I und IV als zuverlässig anerkannt, wie schon oben erwähnt, Byrgius A war nur auf Platte IV und V vermessen). Eine Vermessung auf nur zwei Platten hätte aber die Zahl der Fehlergleichungen nur um vier erhöht, hingegen die Zahl der Unbekannten durch Hinzunahme eines Punktes um drei. Es wäre also in Wirklichkeit nur eine zusätzliche Bedingung hinzugekommen und dazu eventuell die, daß die von vornherein nicht allzu genaue Heliometermessung stimmen soll. Eine solche Hinzunahme hätte also nicht allzuviel Wert, hätte aber die Arbeit wegen der größeren Zahl der Unbekannten gewaltig vermehrt. Hingegen wurde, wie schon erwähnt, W. H. Pickering mitgenommen.

So wurden also acht Punkte verwendet: Mösting A ($d\,\xi_A$, $d\,\eta_A$, $d\,\zeta_A$), Proclus ($d\,\xi_B$, $d\,\eta_B$, $d\,\zeta_B$), Macrobius A ($d\,\xi_C$, $d\,\eta_C$, $d\,\zeta_C$), Sharp A ($d\,\xi_D$, $d\,\eta_D$, $d\,\zeta_D$), Gassendi ζ ($d\,\xi_E$, $d\,\eta_E$, $d\,\zeta_E$), Nicolai A ($d\,\xi_F$, $d\,\eta_F$, $d\,\zeta_F$), Janssen K ($d\,\xi_G$, $d\,\eta_G$, $d\,\zeta_G$), W. H. Pickering ($d\,\xi_H$, $d\,\eta_H$, $d\,\zeta_H$). Bei Platte I wurde Janssen K nicht verwendet, da bei diesem, wie schon erwähnt, die Messungen zu sehr klafften.

$d\,\xi_A$, $d\,\eta_A$, $d\,\zeta_A$, die Korrektionen von Mösting A, wurden stets gleich 0 gesetzt, da die Koordinaten bereits aus einem sehr großen Material erhalten wurden. Außerdem ist zu beachten, daß alle Beobachtungen auf einen Mittelpunkt bezogen werden sollen, derart, daß Mösting A die Koordinaten von (2) hat. Es ist also gar nicht angebracht, ξ_A, η_A, ζ_A zu ändern. Außerdem darf nicht übersehen werden, daß jede Messung (Platte ebenso wie Heliometer) immer nur Differenzen in ξ, η, ζ liefern kann, niemals aber diese selbst. Es ist daher ganz bedeutungslos, wenn man die Koordinatenverbesserung von einem Punkt gleich 0 setzt. Etwaige Änderungen schlagen sich dann einfach auf die anderen ξ, η, ζ mit umgekehrten Zeichen.

So bleiben also insgesamt 41 Unbekannte, nach denen aufzulösen ist.

Die Fehlergleichungen haben dann die Gestalt, die in Tab. 4 (am Schluß) ausgeführt ist.

Hiebei wurden die Gleichungen, die W. H. Pickering betreffen, nur mit dem Gewicht $1/4$ mitgenommen, denn die zugrundeliegenden Messungen beruhen immer nur auf der Messung eines x_1, x_2, y_1, y_2. Bei den anderen Punkten waren es Messungen aus allen Sektoren, also wesentlich sicherer. Daher wurden die sich auf W. H. Pickering beziehenden Fehlergleichungen mit dem Faktor $\sqrt{1/4} = 1/2$ multipliziert.

Die Auflösung erfolgte so, daß zunächst immer die Gleichungen einer Platte zu Normalgleichungen zusammengefaßt wurden (mit 25 Unbekannten, nämlich X_i, Y_i, α_i, dR_i und die 21 Größen $d\xi_k$, $d\eta_k$, $d\zeta_k$; bei Platte I waren es wegen des Fehlens von Janssen K 22 Unbekannte). Aus diesen wurden nun die Unbekannten X_i, Y_i, α_i, dR_i eliminiert und dann die Normalgleichungen aller fünf Platten zusammengefaßt.

Das genügte aber, wie schon erwähnt, nicht zu einer vollständigen Lösung, da die Gleichungen nicht auf eine Drehung oder Vergrößerung des ganzen Systems ansprechen. Deshalb müssen die Heliometermessungen mitgenommen werden. So wurden zu der Summe der aus den Normalgleichungen nach Elimination der X_i, Y_i, α_i, dR_i entstandenen Gleichungen noch solche aus den Heliometermessungen entstandene hinzugefügt. Diese ergaben sich aus den einstigen Reduktionen der Heliometermessungen, und zwar wurden die Koeffizienten so angesetzt, daß die Gewichtseinheit $\sqrt{2} \cdot 10^{-4}$ Mondradien betrug (bei W. H. Pickering geschah Ähnliches mit den Normalgleichungen von Hayn).

Diese Normalgleichungsbestandteile sind in Tab. 5 (am Schluß) angeführt.

Auf den rechten Seiten dieser Gleichungen steht deshalb immer 0, da die Ausgangswerte für ξ, η, ζ die Heliometerwerte waren; denn wenn nur die Heliometermessungen gelten sollten, dann müßte unbedingt $d\xi_k = d\eta_k = d\zeta_k = 0$ herauskommen, was zur Folge hat, daß überall rechts 0 steht.

Einige Schwierigkeit machte die Entscheidung, mit welchem Gewicht jede der Fehlergleichungen eingehen sollte. Es wurden deshalb vier verschiedene Versuche gemacht (jeder mit einer großen Zahl von Unbekannten). Genauer soll nur über den letzten berichtet werden, der die Grundlage für alle weiteren Resultate ist. Es stellte sich nämlich heraus, daß die y-Koordinate schärfer bestimmt war als die x-Koordinate, denn jene wird von Phaseneffekten weniger betroffen als diese. Groß sind allerdings die Phaseneffekte nicht, da Franz bloß Aufnahmen um den Vollmond herum auswählte. Aber trotzdem sind Phaseneffekte merklich und deshalb wurde bei diesem letzten Versuch verfügt, daß die Gleichungen der x-Koordinate in Tab. 4 (am Schluß) das Gewicht 1, die Gleichungen der y-Koordinate das Gewicht 3 erhalten sollen. Auf dieser Grundlage wurden dann die Normalgleichungen gebildet, zunächst für jede Platte separat, dann X_i, Y_i, α_i, dR_i eliminiert. Die übrigbliebenen fünf Gleichungssysteme mit den $d\xi_k$, $d\eta_k$, $d\zeta_k$ als Unbekannten wurden dann alle zusammenaddiert und dann noch die Gleichungen der Tab. 5 (Heliometermessungen) hinzugefügt.

Das so erhaltene Gleichungssystem für die $d\xi_k$, $d\eta_k$, $d\zeta_k$ (mit 21 Unbekannten) wurde dann aufgelöst. Als Ergebnis wurde erhalten:

Proclus	$d\xi_B = +\ 6$	$d\eta_B = +\ 71$	$d\zeta_B = -\ 13$
Macrobius A	$d\xi_C = +\ 19$	$d\eta_C = +\ 11$	$d\zeta_C = +\ 12$
Sharp A	$d\xi_D = -\ 46$	$d\eta_D = -\ 1$	$d\zeta_D = +\ 79$
Gassendi ζ	$d\xi_E = +\ 12$	$d\eta_E = +\ 21$	$d\zeta_E = +\ 36$
Nicolai A	$d\xi_F = +\ 3$	$d\eta_F = +\ 4$	$d\zeta_F = -\ 4$
Janssen K........	$d\xi_G = -\ 6$	$d\eta_G = -\ 2$	$d\zeta_G = -\ 1$
W. H. Pickering ..	$d\xi_H = -\ 6$	$d\eta_H = -\ 2$	$d\zeta_H = -\ 1$

$X_1 = -\ 1$	$X_2 = +\ 24$	$X_3 = +\ 14$	$X_4 = +\ 2$	$X_5 = -\ 10$
$Y_1 = +\ 2$	$Y_2 = +\ 3$	$Y_3 =\ 0$	$Y_4 = -\ 19$	$Y_5 = +\ 2$
$\alpha_1 = +\ 14$	$\alpha_2 = -\ 34$	$\alpha_3 = -\ 46$	$\alpha_4 = -\ 6$	$\alpha_5 = -\ 8$
$dR_1 = +\ 31$	$dR_2 = +\ 17$	$dR_3 = -\ 49$	$dR_4 = -\ 35$	$dR_5 = -\ 42$

(14)

Da man gegen die Auflösung noch einige Einwendungen machen konnte, so z. B. daß die Reduktion auf unendliche Distanz wegen $z = \sqrt{1 - x^2 - y^2}$ nicht genügend genau berücksichtigt war oder sonst Approximationen verwendet wurden, so wurden nochmals die B-R (mit einer Überstelle) gebildet und nochmals die resultierenden Fehlergleichungen mit einer Überstelle aufgelöst (die rechten Seiten der Gleichungen der Tab. 5 waren dann natürlich nicht mehr 0, sondern wurden

den erhaltenen Werten entsprechend neu gebildet). Die so erhaltenen kleinen Korrektionen wurden dann noch angebracht und so ergaben sich für ξ, η, ζ die Werte, die im Katalog am Schluß dieser Arbeit angeführt sind.

Nach dieser großen Ausgleichung wurden unter Benutzung der so erhaltenen X_i, Y_i, α_i, $d R_i$ die Korrektionen für die Punkte Aristarch und Byrgius A bestimmt (unter Hinzunahme der Normalgleichungen aus Tab. 5 für die Heliometermessungen). Die Ergebnisse davon sind ebenso im Katalog zu finden.

Dabei zeigten sich bei Aristarch enorme Abweichungen, die nur durch einen namhaften Phaseneffekt dargestellt werden können. So werden die x nur dann recht gut dargestellt, wenn man für ξ setzt (α der Phasenwinkel, zu finden in Tab. 1 am Schluß)

$$\xi = -0{,}67664 - 0{,}0000853\,\alpha$$

also ähnlich wie in meiner früheren Arbeit [1]. Es ergibt sich daraus, daß Aristarch als Fundamentalpunkt gänzlich ungeeignet ist, und es daher eine unglückliche Wahl von Franz war, diesen als solchen mitzubenützen.

Faßt man die Ergebnisse aller Ausgleichungen mit der vorläufigen Reduktion der Normallage auf die Standardkoordinaten zusammen, so ergeben sich als Formeln für die Reduktion der Koordinaten der Normallage (erhalten durch Anwendung der Formel der Tab. 2) in die Standardkoordinaten x'_S, y'_S die Formeln der Tab. 6. In diesen Formeln ist auch die Wirkung der Refraktion mit inbegriffen.

Im weiteren wurde auch eine beträchtliche Mühe darauf verwandt, die Fehlergrößen aus den zu Tab. 4 und 5 gehörigen Normalgleichungen zu bestimmen. Es steht aber nicht dafür, die Ergebnisse im einzelnen mitzuteilen, sondern es dürfte folgender Gesamtüberblick genügen.

Die X_i wurden mit einem mittleren Fehler von $\pm\,9$ der gewählten Einheit erhalten (10^{-5}), die Y_i mit $\pm\,6$. Hingegen sind die Unterschiede der verschiedenen X_i, Y_i schärfer ermittelt, und zwar beträgt der mittlere Fehler der Differenz von X_i und deren Mittel $\pm\,6{,}5$, bei Y_i dasselbe $\pm\,4$ (nur bei Platte IV $\pm\,6$). Der mittlere Fehler der einzelnen α_i (Drehungswinkel) ist etwa $\pm\,12{,}5\,(.\,10^{-5})$, hingegen der mittlere Fehler der Differenz zwischen den α_i und deren Mittel etwa $\pm 6{,}5$ (bei Platte IV ± 8). D. h. es ist relativ leicht noch möglich, das ganze System um einen namhaften Betrag (entsprechend $\pm 10{,}5 = \pm 22''$) zu drehen, hingegen liegt die Lage der einzelnen Platten gegenüber deren Mittel ziemlich fest. Ähnlich ist es bei den $d R_i$ (Größe des Mondradius auf der Platte). Der mittlere Fehler der einzelnen $d R_i$ beträgt etwa $\pm 13{,}5$, der mittlere Fehler der Differenz zwischen den $d R_i$ und deren Mittel etwa $\pm 6{,}5$ (bei Platte IV ± 8). Die Unsicherheit des mittleren Maßstabes beträgt $\pm 11{,}5 \cdot 10^{-5}$, man kann also um einen entsprechenden Betrag das System noch ähnlich vergrößern oder verkleinern.

Die mittleren Fehler der Koordinaten der Fundamentalpunkte betragen:

	bei ξ	bei η	bei ζ	
Proclus	$\pm 12 \cdot 10^{-5}$	$\pm 10 \cdot 10^{-5}$	$\pm 6{,}5 \cdot 10^{-4}$	
Macrobius A	$\pm 11{,}5$	$\pm 9{,}5$	$\pm 6{,}5$	
Sharp A	$\pm 13{,}5$	± 12	± 7	
Gassendi ζ	$\pm 11{,}5$	± 9	± 6	(15)
Nicolai A	$\pm 9{,}5$	± 9	± 6	
Janssen K........	± 12	$\pm 10{,}5$	± 7	
W. H. Pickering ..	$\pm 11{,}5$	± 8	± 7	

Im Katalog sind kleinere Werte für die mittleren Fehler angegeben. Dies hat seine Ursache darin, daß in den mittleren Fehlern des Katalogs nur der Fehler der Ortsbestimmung des Punktes selbst enthalten ist, d. h. es wurde angenommen, daß die Konstanten der Reduktionsformeln (Tab. 6 am Schluß) strikt festliegen. Die Fehler in (15) berücksichtigen aber auch die anderen Fehlerursachen, nämlich, daß X_i, Y_i, α_i, $d R_i$ nicht absolut exakt sind, sondern Fehler in der obengenannten Ordnung besitzen (System verschoben, verdreht, unrichtiger Maßstab).

5. Reduktion der großen Masse der Krater

Durch alle in den vorigen Kapiteln beschriebenen Maßnahmen ist nun wohl gesichert, daß systematische Fehler soweit vermieden sind, als es überhaupt möglich ist und es konnte nun an die Reduktion der übrigen Punkte geschritten werden.

Die Reduktion geschah auf folgende Art.

Zunächst wurde immer die Differenz der Skalenwerte $x_i = x_2 - x_1$ und $y_i = y_2 - y_1$ gebildet, gleichzeitig zur Kontrolle $x_2 + x_1$ und $y_2 + y_1$, die für alle Punkte desselben Sektors denselben Wert zu haben hatten.

Wurde in einem Sektor eine Nachmessung vorgenommen ([2], S. 30), so wurde (nach Anbringung der Korrektion nach (6)) das Mittel beider Messungen genommen, ohne aber damit der Messung ein höheres Gewicht zuzuerkennen. Stellte sich $x_2 + x_1$ oder $y_2 + y_1$ als stark abweichend heraus, dann wurde eines von den x_1, x_2 bzw. y_1, y_2 gestrichen und nur das andere benutzt. Welches gestrichen werden sollte, war durch Vergleich mit den übrigen Platten zu erkennen, was meist erst nach vollendeter Reduktion festgestellt werden konnte. Bei diesen Punkten mußte also die Reduktion wiederholt werden.

Wurde eines von den x_1, x_2, y_1, y_2 aus einem solchen Grunde gestrichen oder fehlte überhaupt die Messung, was auch mitunter vorkam, so mußte für den fehlenden Wert ein Ersatzwert beschafft werden. Dieser wurde so erhalten, daß für $x_1 + x_2$ bzw. $y_1 + y_2$ der Mittelwert der Werte eingesetzt wurde, der sich aus allen Fundamentalpunkten des betreffenden Sektors ergibt und dieser $x_1 + x_2$- bzw. $y_1 + y_2$-Wert wurde zum Ersatz des fehlenden benutzt. Mit dem so erhaltenen wurde dann wie sonst weitergerechnet. Eine geringere Gewichtsbewertung wurde dabei nicht eingeführt.

Bei Platte IV, Nachtrag, wurden die x_2-Messungen genau so benutzt wie angegeben, obwohl inzwischen möglicherweise verdreht wurde. Da aber nicht zu erheben war, wann dies geschah, wurde von einer Korrektion Abstand genommen.

Wegen zu großer Abweichungen wurden folgende Messungen gestrichen:

1. Die, die im Katalog unter der Spalte „Restfehler" geklammert sind
2. Folgende Einzelmessungen:

Platte I
Sektor 2: die x_1-Messung von 619 Bessel (Ersatzwert 239,969)
Sektor 3: die y_1-Messung von 932 Cassini C (Ersatzwert 263,117); die y_1-Messung von 895 Aratus (Ersatzwert 274,291); die x_1-Messung von 1113 Pico β (Ersatzwert 241,961)
Sektor 4: die y_1-Messung von 1554 Kepler (Ersatzwert 249,909)

Sektor 6: die x_1-Messung von 2831 Darney (Lubiniezky B) (Ersatzwert 279,805); die y_2-Messung von 3071 Thebit A (Ersatzwert 281,484); Ersatzwert für fehlende x_2-Messung von 2366 a Vitello ξ 259,310

Sektor 7: die x_2-Originalmessung von 3570 Argelander D (Airy-Randkrater) (es galt nur die x_2-Nachmessung)

Sektor 9: die x_1-Messung von 1212 Bode (Ersatzwert 267,532)

Nachtrag: die y_1-Messung von 4258 a Messier G (Ersatzwert 332,684; Ersatzwert für fehlende x_1-Messung von 1614 Mairan E 263,088; Ersatzwert für fehlende y_2-Messung von 2330 Drebbel 295,738

Platte II

Sektor 2: die y_2-Messung von 619 Bessel (Ersatzwert 301,078); die y_2-Messung von 409 Endymion G (Ersatzwert 310,328)

Sektor 3: die y_1-Messung von 932 Cassini C (Ersatzwert 269,755); die y_1-Messung von 895 Aratus (Ersatzwert 296,539)

Sektor 4: die y_2-Messung von 1554 Kepler (Ersatzwert 243,042)

Sektor 5: Ersatzwert für fehlende y_2-Messung von 857 Bruce (Sinus Medii B) 285,581

Sektor 6: Ersatzwert für fehlende x_1-Messung von 2855 Guericke B 260,914

Sektor 7: die x_1-Messung von 3570 Argelander D (Airy-Randkrater) (Ersatzwert 260,894)

Sektor 9: die y_2-Messung von 587 Taquet (Ersatzwert 304,120)

Platte III

Sektor 4: die x_1-Messung von 1832 Reiner (Ersatzwert 285,144); Ersatzwert für fehlende y_2-Messung von 2922 Turner (Gambart E) 332,486

Sektor 5: Ersatzwert für fehlende y_2-Messung von 2920 Lalande C (Lalande D) 325,598

Sektor 9: Ersatzwert für fehlende y_2-Messung von 816 Silberschlag 301,217

Nachtrag: die x_1-Messung von Messier G (Messier anon) (Ersatzwert 314,305)

Platte IV

Sektor 5: Ersatzwert für fehlende y_1-Messung von 2390 Gassendi α 260,453

Platte V

Sektor 5: die y_2-Messung von 2157 b Mersenius S (Ersatzwert 260,859)

Sektor 8: Ersatzwert für fehlende y_2-Messung von 4083 b Piccolomini L 338,001

Sektor 9: die x_1-Messung von 835 Rhaeticus B (Ersatzwert 301,960)

Nachtrag: Ersatzwert für fehlende y_2-Messung von 4083 Piccolomini M 336,894

Auf die so ermittelten $x_i = x_2 - x_1$ und $y_i = y_2 - y_1$ wurden dann die Formeln der Tab. 2 (am Schluß) angewandt, um die Kraterörter in die Normallage jeder Platte zu überführen und dann darauf die Formeln der Tab. 6 (am Schluß), um daraus die Standardkoordinaten zu erhalten (bei der praktischen Rechnung wurden übrigens die Formeln von Tab. 2 und von Tab. 6 stets zu einer Gesamtreduktionsformel zusammengezogen).

Daraufhin mußte die Reduktion auf unendliche Distanz angebracht werden
$$x_S = x'_S - \sin s \cdot x_S \cdot z_S \atop y_S = y'_S - \sin s \cdot y_S \cdot z_S \Big\} \quad (11')$$

Der Wert für z_S wurde zunächst nach der Formel
$$z_S = \sqrt{1 - x_S^2 - y_S^2}$$
gebildet, später wurde dieser aus den nachher ermittelten ξ-, η-, ζ-Werten verbessert.

Zur weiteren Reduktion dienen dann die **Formeln**
$$\begin{aligned}\xi &= + x_S \cos l - y_S \sin b \sin l + z_S \cos b \sin l \\ \eta &= y_S \cos b + z_S \sin b \\ \zeta &= - x_S \sin l - y_S \sin b \cos l + z_S \cos b \cos l\end{aligned}\Big\} \quad (16)$$

Da sich z_S aus der Messung nicht ergab, so wurde für ζ zunächst ein Näherungswert ζ_0 genommen (der grundsätzlich für alle Platten der gleiche sein mußte und der aus den Resultaten von Franz nach der Formel $\zeta = \cos \beta \cos \lambda$ berechnet wurde und auf drei Dezimalen gerundet wurde). Aus diesem genäherten Wert ζ_0 wurde dann nach der dritten Formel (16) z_S berechnet und dann aus den beiden ersten Gleichungen ξ und η.

Wird der provisorische Näherungswert ζ_0 dann um $\Delta\zeta$ geändert, so ändern sich die ermittelten ξ und η um $\tan l \cdot \Delta\zeta$ bzw. $\dfrac{\tan b}{\cos l} \cdot \Delta\zeta$.

Genau so wie für ζ wurden auch für ξ, η vorläufige Werte ξ_0, η_0 benutzt. Die Abweichungen der auf obige Art ermittelten ξ, η von diesen ξ_0, η_0 seien $\Delta\xi_i$, $\Delta\eta_i$ ($i = 1, 2, 3, 4, 5$ Nummer der Platte).

Dann lauten die Fehlergleichungen zur Verbesserung (in diese wurde bereits l, b laut Tab. 1 eingesetzt):

Platte I	$\Delta\xi + 1{,}00\,\Delta\zeta = \Delta\xi_1$	$\Delta\eta + 0{,}22\,\Delta\zeta = \Delta\eta_1$
Platte II	$\Delta\xi - 0{,}98\,\Delta\zeta = \Delta\xi_2$	$\Delta\eta - 1{,}18\,\Delta\zeta = \Delta\eta_2$
Platte III	$\Delta\xi - 0{,}81\,\Delta\zeta = \Delta\xi_3$	$\Delta\eta - 1{,}04\,\Delta\zeta = \Delta\eta_3$
Platte IV	$\Delta\xi + 0{,}06\,\Delta\zeta = \Delta\xi_4$	$\Delta\eta + 1{,}09\,\Delta\zeta = \Delta\eta_4$
Platte V	$\Delta\xi + 0{,}96\,\Delta\zeta = \Delta\xi_5$	$\Delta\eta - 0{,}83\,\Delta\zeta = \Delta\eta_5$

(17)

(Einheit für $\Delta\xi$, $\Delta\eta$, $\Delta\xi_i$, $\Delta\eta_i$ gleich 10^{-5}, für $\Delta\zeta$ gleich 10^{-4})

Aus diesen Fehlergleichungen (die für jeden Punkt separat aufzustellen waren) waren nun die $\Delta\xi$, $\Delta\eta$, $\Delta\zeta$ abzuleiten. Es stellte sich, ebenso wie bei den Fundamentalpunkten, oft heraus, daß die η-Werte besser bestimmt waren als die ξ-Werte, da die ξ-Werte oft durch Beleuchtungseffekte, die vom Phasenwinkel abhängig sind, verfälscht sind. In anderen Fällen war aber kein Unterschied in der Güte der Bestimmung festzustellen.

So sah ich mich manchmal veranlaßt, den η-Gleichungen das dreifache Gewicht der ξ-Gleichungen zu geben, in anderen Fällen erhielten die ξ- und η-Gleichungen das gleiche Gewicht. Was gewählt wurde, ist im Katalog unter der Spalte Gew. Verh. angegeben. Ein anderes Gewichtsverhältnis wurde niemals angenommen, denn dieses ist, da nur auf den zehn Angaben $\Delta\xi_i$, $\Delta\eta_i$ aufgebaut, einigermaßen empfindlich auf zufällige Übereinstimmung, die leicht ein zu hohes Gewicht vortäuschen kann.

Es wurde auch dann niemals ein anderes Gewicht gegeben, wenn ein Punkt zweimal gemessen wurde, denn dies geschah meistens, wenn Franz der ersten Messung mißtraute.

Betrachtung über mittlere Fehler: Die im Katalog angegebenen mittleren Fehler für die ξ, η, ζ wurden auf die übliche Art aus den Fehlergleichungen (17) über die Restfehler bestimmt. Sie sind also unter der Voraussetzung gültig, daß die Reduktionskonstanten in Tab. 2 und 6 (d. h. im wesentlichen die X_i, Y_i, α_i, dR_i) fehlerfrei sind. Sonst muß man noch berücksichtigen, daß diese Größen auch Fehler haben können.

Will man dies, so kommt man ungefähr auf den richtigen absoluten mittleren Fehler einer Koordinate, wenn man zum Quadrat des angegebenen mittleren Fehlers erstens das Quadrat des mittleren Fehlers von Drehung und Maßstab hinzufügt (dieser Fehler ist etwa das $11 \cdot 10^{-5}$-

fache des Abstandes von Mösting A) und zweitens noch das Quadrat des mittleren Fehlers von X_i bzw. Y_i ($6 \cdot 10^{-5}$ für die ξ-Koordinate, $4 \cdot 10^{-5}$ für die η-Koordinate) und dann aus der Summe der drei Quadrate die Wurzel zieht. Bei der ζ-Koordinate kann man auf den richtigen absoluten mittleren Fehler kommen, wenn man zum Quadrat des angegebenen mittleren Fehlers das Quadrat des mittleren Fehlers des Systems in der ζ-Koordinate hinzufügt (dieser Fehler beträgt $\pm 4 \cdot 10^{-4}$) und dann die Wurzel zieht.

Ein Beispiel soll dies erläutern.

Es soll z. B. der mittlere absolute Fehler von 458 Hercules G bestimmt werden. Im Katalog findet sich für ihn $\mu_\xi = \pm 14 \cdot 10^{-5}$, $\mu_\eta = \pm 8 \cdot 10^{-5}$, $\mu_\zeta = \pm 8 \cdot 10^{-4}$.

Der Abstand des Kraters Hercules G von Mösting A beträgt

$$\sqrt{(+0{,}44 + 0{,}09)^2 + (0{,}72 + 0{,}06)^2} = 0{,}94.$$

Daher ist der mittlere Fehler wegen Drehung und Maßstab

$$11 \cdot 10^{-5} \cdot 0{,}94 = 10 \cdot 10^{-5}.$$

Die Berechnung sieht daher so aus:

	in ξ	in η	in ζ
Quadrat des zufälligen Fehlers (lt. Katalog) ...	196	64	64
Quadrat des mittleren Fehlers wegen Drehung und Maßstab	100	100	
Quadrat des Fehlers des Systems der ξ, η, ζ-Koordinaten (s. o.)	36	16	16
	332	180	80

Also absoluter mittlerer Fehler von 458 Hercules G

$$\mu = \pm 18 \cdot 10^{-5}, \quad \mu_\eta = \pm 13 \cdot 10^{-5}, \quad \mu_\zeta = \pm 9 \cdot 10^{-4}.$$

Es möge aber betont werden, daß diese Fehlerberechnung nur angebracht ist, wenn man etwa die Örter des Katalogs dieser Arbeit mit auf gänzlich anderem Weg bestimmten Kraterörtern vergleichen will, nicht aber, wenn es gilt, eine Reihe relativer Messungen an die hier im Katalog geführten Örter anzuschließen (wie dies z. B. bei der Reduktion einer photographischen Mondaufnahme der Fall ist). In diesem Fall sind die im Katalog angegebenen mittleren Fehler direkt zu verwenden.

Genau genommen sind übrigens die für ξ und η angegebenen mittleren Fehler nicht die für ξ und η selbst, sondern die für die Bedingungen der Mitte (ebenso wie in meiner früheren Abhandlung [1]). Die Bedingungen der Mitte l_0, b_0 erhält man, wenn man sämtliche l und ebenso sämtliche b von den Platten mittelt, auf denen der betreffende Mondpunkt gemessen werden konnte und wo die Messungen anerkannt worden sind. Welche Platten das sind, ergibt ein Blick auf die Spalte „Restfehler" im Katalog. Hier ist (in der oberen Zeile für die x, in der unteren Zeile für die y) der Unterschied zwischen der Beobachtung und den aus den hier angegebenen ξ-, η-, ζ-Werten folgenden x- und y-Werten angegeben; die Ergebnisse jeder Platte sind dabei durch einen Strichpunkt getrennt. Liegt von einer Platte kein Ergebnis vor, so steht dort ein Strich. Liegt ein Ergebnis vor, das nicht anerkannt ist, so ist die diesbezügliche Zahl eingeklammert.

Sind bei allen Platten Messungen vorhanden und anerkannt, so ergibt sich aus Tab. 1 für die Bedingungen der Mitte

$$l_0 = -0°.3 \qquad b_0 = +2°.0.$$

Ist aber wie z. B. bei 2366 Vitello ξ die 1. Platte wegen zu großer Abweichung der Restfehler ausgeschlossen, auf der 2. Platte nicht vermessen worden (siehe die Spalte „Restfehler" im Katalog), dann erhält man die Bedingungen der Mitte durch Mittelbildung der l und b der übrigen Platten (d. i. hier der 3., 4. und 5. Platte), also

$$l_0 = -0°.4 \qquad b_0 = +1°.5.$$

Sucht man nun (etwa zur Reduktion von photographischen Mondaufnahmen) bei bekannten Librationsdaten l, b die Standardkoordinaten eines Kraterortes zu ermitteln (um etwa die übrigen Krater an diese anzuschließen), so ist zu gewärtigen, daß die Standardkoordinaten mit folgendem mittleren Fehler behaftet sind:

$$\left.\begin{array}{l} \sqrt{\mu_\xi^2 + \left(\dfrac{l-l_0}{5,73}\right)^2 \mu_\zeta^2} \text{ in der } x\text{-Koord.} \\[2ex] \sqrt{\mu_\eta^2 + \left(\dfrac{b-b_0}{5,73}\right)^2 \mu_\zeta^2} \text{ in der } y\text{-Koord.} \end{array}\right\} \begin{array}{c} (\mu_\xi,\ \mu_\eta,\ \mu_\zeta \text{ aus} \\ \text{dem Katalog in den} \\ \text{in diesem verwendeten} \\ \text{Einheiten.)} \end{array} \quad (18)$$

Nachträgliche Verbesserungen. Sollte man etwa nachträglich finden, daß es besser gewesen wäre, einen Mondort anders zu reduzieren als es hier geschehen ist, so kann dies über die im Katalog angegebenen Restfehler geschehen, z. B. wenn einem die hier verwendete Gewichtsverteilung nicht paßt oder es einem nicht paßt, daß gewisse Beobachtungen gestrichen wurden u. dgl.

Man hätte dann nur in die rechten Seiten der Fehlergleichungen (17) rechts die Restfehler einzusetzen, so z. B. bei 458 Hercules G.

$$\Delta\xi + 1{,}00\,\Delta\zeta = +\,31 \qquad \Delta\eta + 0{,}22\,\Delta\zeta = +\,2$$
$$\Delta\xi - 0{,}98\,\Delta\zeta = +\,29 \qquad \Delta\eta - 1{,}18\,\Delta\zeta = -\,18$$
$$\Delta\xi - 0{,}81\,\Delta\zeta = -\,40 \qquad \Delta\eta - 1{,}04\,\Delta\zeta = +\,23$$
$$\Delta\xi + 0{,}06\,\Delta\zeta = +\,9 \qquad \Delta\eta + 1{,}09\,\Delta\zeta = -\,2$$
$$\Delta\xi + 0{,}96\,\Delta\zeta = -\,30 \qquad \Delta\eta - 0{,}83\,\Delta\zeta = -\,3.$$

Die so erhaltenen Fehlergleichungen wären dann den anderen Wünschen entsprechend aufzulösen (löst man diese nach denselben Grundsätzen auf wie hier, so erhält man stets $\Delta\xi = 0$, $\Delta\eta = 0$, $\Delta\zeta = 0$).

Derartiges hätte auch zu geschehen, wenn noch weitere Beobachtungen aus anderem Material dazukommen. Dann hätte man nämlich die Franzschen Beobachtungen in Gleichungen dieser Gestalt zu verwenden, zu denen dann Gleichungen aus dem neuen Material kämen (vorausgesetzt, daß man die Katalogwerte als Ausgangswerte für die Berechnung nimmt).

Weitere Bemerkungen. Beim Krater Landsberg A konnten nur bei den Platten I, III, IV, V die Fehlergleichungen nach (17) angesetzt werden, bei Platte II waren nur die y-Messungen vorhanden. Hier wurde eine Gleichung für die $\Delta\xi$, $\Delta\eta$, $\Delta\zeta$ ermittelt, die die beiden y-Messungen der Platte II wiedergibt und diese zu den anderen Fehlergleichungen hinzufügt. Die Lösung dieser Gleichungen nach dem üblichen Ausgleichsverfahren ist dann im Katalog angegeben. Bei den „Restfehlern" ist der Wert nur bei der ξ-Koordinate gegeben, da diese etwa den y-Messungen entspricht (siehe den Drehwinkel unter (9)).

Für die drei Krater Piccolomini D, M, K (4078, 4083, 4083a) waren nur Messungen auf zwei Platten (III und V) vorhanden, da diese erst zu spät von Franz ins Meßprogramm aufgenommen wurden. Daher konnte ζ nicht verläßlich genug separat bestimmt werden und es wurde daher mit der Nebenbedingung $\xi^2 + \eta^2 + \zeta^2 = 1$ ausgeglichen. 2485 Landsberg E wurde von Franz einmal, offenbar unbeabsichtigt, auf Platte IV vermessen. Da diese Messung vorgelegen ist, habe ich sie reduziert (unter der Voraussetzung $\xi^2 + \eta^2 + \zeta^2 = 1$), aber es ist dies nur eine einzelne Messung.

VI. Das Ergebnis und weitere Ausblicke

Die Ergebnisse obiger Reduktionen wurden im Katalog zusammengefaßt, der sich am Schluß dieser Arbeit befindet. Aus den so erhaltenen ξ, η, ζ wurden dann die λ, β, h nach folgenden Formeln berechnet.

$$\left.\begin{array}{l} \xi = (1+h)\cos\beta \sin\lambda \\ \eta = (1+h)\sin\beta \\ \zeta = (1+h)\cos\beta \cos\lambda \end{array}\right\} \qquad (19)$$

Aus diesen Formeln folgt h in Bruchteilen des Mondradius, durch Multiplikation mit 1738 erhält man dies dann in Kilometern. Mittlere Fehler wurden nur bei ξ, η, ζ und dann bei h angegeben, nicht aber bei λ, β. Der Grund liegt in folgendem: ζ kann wesentlich weniger genau bestimmt werden als ξ und η (etwa 10mal schlechter). Da ζ ebenso aber wie ξ und η in die Berechnung der drei Größen λ, β, h eingeht, so ist der mittlere Fehler von λ, β, h fast ausschließlich durch die Unsicherheit von ζ bestimmt. Es würde also dadurch λ und β mit einem relativ hohen mittleren Fehler behaftet erscheinen, ein Fehler, der nur durch die Unsicherheit von ζ bedingt ist und dadurch, besonders für in die Sache nicht genau Eingeweihte, glauben macht, die Bestimmung wäre sehr unsicher. Um dem zu entgehen, wurden bei λ und β überhaupt keine mittleren Fehler angegeben. Kritische Untersuchungen, etwa solche, ob diese Werte mit anderswo ermittelten genügend im Einklang sind u. dgl., sollen grundsätzlich nur mit den ξ, η, ζ vorgenommen werden, niemals mit den λ, β, h. Die λ- und β-Werte dürfen höchstens dazu verwendet werden, um Krater in eine Mondkarte einzuzeichnen oder in einer Karte wiederzufinden, die ein λ-, β-Netz trägt und ähnliche Aufgaben.

Bei h wurde allerdings der mittlere Fehler angegeben, obwohl hiefür dasselbe gilt. Es kann einen aber interessieren, wie weit es zulässig ist, den Mond als Kugel darzustellen und ob die Abweichungen gesichert sind. Hierüber muß folgendes gesagt werden. Die Abweichungen der einzelnen Höhen von o ist allerdings so klein, daß diese als reiner

Zufall erscheinen könnten in Anbetracht ihrer mittleren Fehler, wenn nicht allzuoft benachbarte Punkte gleiches Vorzeichen in der Abweichung einer Höhe von 0 hätten. Daher müssen die hier angegebenen absoluten Höhen im wesentlichen als reell angesehen werden.

Die hier ermittelten Koordinaten sind auch mit den Koordinaten bei Saunder verglichen worden. Der Vergleich zeigt etwa folgendes:

Bei der ξ-Koordinate kommt in SW-Quadranten ξ bei Saunder um etwa $20 \cdot 10^{-5}$ (etwa 350 m) zu groß heraus, im NW-Quadranten ist es in der Äquatorgegend ähnlich, von der Breite $+25°$ ab schlägt dies aber ins Gegenteil um und in hohen N-Breiten sind die Saunderschen Werte um etwa $15 \cdot 10^{-5}$ zu klein. Im NE-Quadranten und weitgehend auch im SE-Quadranten ist ξ um etwa $25 \cdot 10^{-5}$ bei Saunder zu klein.

Bei der η-Koordinate ist in der südlichen Mondhälfte η bei Saunder etwa um $30 \cdot 10^{-5}$ zu klein, in den SE-Randpartien wächst dies etwa bis $60 \cdot 10^{-5}$, auf der nördlichen Mondhälfte wird der Unterschied rasch kleiner und schlägt ab $+15°$ Breite ins Gegenteil um. In hohen Nordbreiten ist η bei Saunder um $20 \cdot 10^{-5}$ zu groß.

Es wurde nun noch untersucht, ob sich in den ermittelten absoluten Höhen systematische Effekte zeigen, etwa derart, daß der Mond keine Kugel, sondern ein Ellipsoid ist, ähnlich wie dies bereits von Prof. J. Hopmann in seinen selenodätischen Untersuchungen [6] geschehen ist (mit den absoluten Höhen, die er verwendet hat).

Es wurde zu diesem Zwecke folgende Formel angesetzt

$$(A-1)\xi^2 + (B-1)\eta^2 + (C-1)\zeta^2 + 2D\eta\zeta + 2E\xi\zeta + \\ + 2F\xi\eta + 2G\xi + 2H\eta + 2I\zeta + \frac{2h}{1738} = 0 \quad (20)$$

(h in Kilometern). Diese Formel entspricht der Annahme, daß die Gestalt des Mondes folgender Gleichung gehorcht

$$A\xi^2 + B\eta^2 + C\zeta^2 + 2D\eta\zeta + 2E\xi\zeta + 2F\xi\eta + 2G\xi + \\ + 2H\eta + 2I\zeta = 1 \quad (21)$$

Dies ist die Gestalt eines allgemeinen dreiachsigen Ellipsoids mit beliebiger Lage des Mittelpunkts. Wenn man, wie es Prof. J. Hopmann getan hat, den Mittelpunkt des Ellipsoids mit dem hier sonst angenommenen identifiziert, hat man $G = H = I = 0$ zu setzen und nur nach A, B, C, D, E, F aufzulösen.

Es wurden die 150 Mondpunkte in 37 Gebiete ungefähr gleicher Höhenlage zusammengefaßt und für jedes Gebiet eine Fehlergleichung nach (20) gebildet. Das Gewicht jeder dieser Fehlergleichungen wurde so festgelegt, daß man zunächst das Gewicht jeder Einzelhöhe nach der Formel $P = \dfrac{1}{\mu_h{}^2}$ (μ_h mittlerer Fehler von h, wie er im Katalog steht) bestimmte und dann die Höhen mit diesem Gewicht mittelte und das Gesamtgewicht gleich der Summe dieser Einzelgewichte festgestellt wurde.

Mit diesen 150 Punkten ist aber ein Gebiet nicht recht beachtet worden, das für eine derartige Untersuchung einen namhaften Beitrag liefern kann, nämlich der Mondrand, wo bekanntlich absolute Höhen recht verläßlich zu bestimmen sind. Die dazu erforderlichen Daten liefern die Mondprofilkarten von F. Hayn [7]. In diesen wurden die absoluten Höhen gebietsweise geschätzt und in 18 (verschieden lange) Gebiete zusammengefaßt. Die dazugehörigen Fehlergleichungen, die (da etwa $\zeta = 0$) nur $A - 1$, $B - 1$, F, G, H enthalten, erhielten bei einer Längserstreckung von g Graden ein Gewicht von $\dfrac{g}{2}$, also alle die Haynschen Höhen repräsentierenden Fehlergleichungen zusammen ein Gewicht von 180, während die Fehlergleichungen, die auf den Höhen dieser Arbeit fußen, denen die Messungen von Franz zugrundeliegen, ein gesamtes Gewicht von 169 hatten. Bei den Höhen nach Hayn wurde eine Korrektion von $-0{,}4$ km angebracht, da sich Hayn zu einem mittleren Mondradius von $932{,}''35$ bekannte, hier aber ein Mondradius von $932{,}''58$ verwendet wurde.

Das Ergebnis der Auflösung dieser Gleichungen lautet

$$\left.\begin{aligned}
(A - 1) \cdot 1738 &= + 0{,}3 \pm 0{,}4 \; (\pm 0{,}12) \\
(B - 1) \cdot 1738 &= + 0{,}4 \pm 0{,}4 \; (\pm 0{,}12) \\
(C - 1) \cdot 1738 &= - 7{,}7 \pm 2{,}2 \; (\pm 0{,}7) \\
D \cdot 1738 &= + 0{,}8 \pm 1{,}1 \; (\pm 0{,}33) \\
E \cdot 1738 &= + 0{,}2 \pm 1{,}0 \; (\pm 0{,}31) \\
F \cdot 1738 &= - 0{,}8 \pm 0{,}6 \; (\pm 0{,}18) \\
G \cdot 1738 &= 0{,}0 \pm 0{,}34 \, (\pm 0{,}11) \\
H \cdot 1738 &= - 0{,}1 \pm 0{,}34 \, (\pm 0{,}10) \\
I \cdot 1738 &= + 6{,}3 \pm 1{,}8 \; (\pm 0{,}6)
\end{aligned}\right\} \quad (22)$$

Die mittleren Fehler in Klammern sind dabei die, die zu gewärtigen wären, wenn die absolute Höhe aller Mondgebilde gleich 0 wäre (der Mond also genau eine Kugel) und die angeführten Höhen bloß auf Meßfehler zurückzuführen wären. Die mittleren Fehler ohne Klammern sind aber die, wie sie aus den Fehlergleichungen nach dem üblichen Ausgleichsverfahren erhalten werden. Daß zwischen beiden ein erheblicher Unterschied besteht, beweist, daß die in dieser Arbeit ermittelten absoluten Höhen im wesentlichen reell sind.

Die meisten dieser Koeffizienten sind kleiner als ihre mittleren Fehler, d. h. nicht verbürgt. Die einzigen Größen, die ernstlich den mittleren Fehler überschreiten sind $C-1$ und I. Werden diese den oben angeführten Werten entsprechend angenommen, so würde das bedeuten, daß der Mittelpunkt des Ellipsoids 6,3 km hinter dem in dieser Arbeit angenommenen Mondmittelpunkt liegt (was dynamisch vielleicht noch vertretbar wäre) und dafür die gegen die Erde gerichtete Achse um 7,7 km länger wäre als die anderen. Es ist aber durchaus noch möglich, daß dies durch systematische Meßfehler vorgetäuscht ist und der Mond im wesentlichen eine Kugel ist.

Gelten die in (22) angegebenen Werte strikt, so würde das bedeuten, daß der Mond ein dreiachsiges Ellipsoid ist, dessen erste Achse 1737,2 km, dessen zweite Achse 1738,0 km und dessen dritte Achse 1745,2 km lang ist. Die erste Achse würde nach $\lambda = -88°$, $\beta = +49°$ bei Repsold A hinzielen, die zweite Achse gegen $\lambda = +87°$, $\beta = +41°$ bei Gauß C, die dritte nach $\lambda = -1°$, $\beta = -3°$ zwischen Reaumur und Spörer.

Macht man (ähnlich wie Prof. J. Hopmann) die Annahme, daß der Ellipsoidmittelpunkt mit dem in dieser Arbeit verwendeten Mittelpunkt identisch ist (also streicht man G, H, I), so erhält man als Lösung

$$\left.\begin{aligned}(A-1)\cdot 1738 &= +0{,}7 \pm 0{,}4\,(\pm 0{,}12) \\ (B-1)\cdot 1738 &= +0{,}6 \pm 0{,}4\,(\pm 0{,}12) \\ (C-1)\cdot 1738 &= -0{,}4 \pm 0{,}5\,(\pm 0{,}13) \\ D\cdot 1738 &= +1{,}6 \pm 1{,}0\,(\pm 0{,}28) \\ E\cdot 1738 &= -0{,}1 \pm 0{,}8\,(\pm 0{,}26) \\ F\cdot 1738 &= -0{,}8 \pm 0{,}7\,(\pm 0{,}19)\end{aligned}\right\} \quad (23)$$

Daraus ergibt sich, daß bei dieser Annahme der Mond nirgends entscheidend von einer Kugel verschieden ist. Es ist wohl noch immer das beste, dem Mond bis auf weiteres die Kugelgestalt zuzuschreiben und irgendwo festgestellte absolute Höhen als rein zufällige Aufwölbungen oder Senken zu betrachten, ohne daß damit die Mondfigur systematisch verändert erscheint. Die dynamischen Feststellungen der Mondgestalt, die über die drei Hauptträgheitsmomente des Mondes gehen, liefern auch nur eine Verlängerung der uns zugekehrten Achse um 1,1 km gegenüber der Polachse und um 0,7 km der direkt sichtbaren Äquatorachse gegenüber der Polachse. Beträge dieser Ordnung gehen aber in den mittleren Fehlern unter.

Weitere Vermessungen am Monde an weiteren Platten sowie weitere sonstige Messungen können vor allem die Orientierung und den Maßstab der Platten noch besser festlegen, falls bei der Aufnahme dafür gesorgt wird, daß solche Messungen möglich sind, wie dies z. B. bei Aufnahmen mit der Markowitz-Kamera der Fall ist. Etwas besser wäre die Sache auch schon dann, wenn ordentlich an die Haynschen Fundamentalkrater angeschlossen wird, denn diese sind besser als die Franzschen vermessen. Sonst ist nur eine Genauigkeitssteigerung infolge der Häufung von Material zu gewärtigen, insbesondere gilt dies für die ζ-Koordinate.

Sehr wesentlich bessere Ergebnisse wird man erst erhalten können, wenn es gelingt, den Mond mittels (unbemannter oder bemannter) Raketen zu umkreisen und damit auch die Rückseite des Mondes sichtbar und vermeßbar zu machen. Dadurch kann man hoffen, die ζ-Koordinate wesentlich sicherer (von gleicher Güte wie die ξ- und η-Koordinate) zu ermitteln und also wirklich genau die Mondoberfläche zu erfassen. Es hätte dann auch einen Sinn, die Mondoberfläche nach Kugelfunktionen zu entwickeln, wie dies für die Erde von A. Prey [8] bereits geschehen ist.

Andererseits wird aber auch dann diese Arbeit nicht wertlos, denn zur Reduktion von in der Rakete gemachten Aufnahmen wird man die Punkte dieser Arbeit (d. h. vor allem die ξ- und η-Koordinaten) als Paßpunkte brauchen. Denn aus solchen Aufnahmen allein kann man gewisse Dinge doch nicht erfahren, z. B. den Mondradius, da man ja die Entfernung der Rakete vom Mond bei der Aufnahme nicht ohne weiteres kennt. Ebenso kennt man die Richtung, in der die Aufnahme erfolgt ist, nur dann, wenn gleichzeitig auf der Aufnahme Fixsterne vorkommen. Zum Einpassen solcher Aufnahmen werden also die Koordinaten dieser Arbeit wohl immer wertvoll bleiben.

VII. Beschreibung des Katalogs

Im Katalog sind in der 1. Spalte die Nummer nach dem I. A. U.-Katalog [9], in der 2. Spalte die Bezeichnung nach demselben Katalog gegeben (welche Bezeichnung nach den Wünschen der I. A. U. alle Mondforscher verwenden sollen). Die 3. Spalte enthält die Nummer dieses Gebildes nach Franz [2], die 4. Spalte die nach Saunder [10]. Die 5. bis 7. Spalte geben die selenozentrischen rechtwinkligen Koordinaten ξ, η, ζ der Mondgebilde samt deren mittleren Fehlern (bei denen zu beachten ist, daß sie sich immer auf die letzte angeführte Ziffer beziehen, also bei ξ, η sind die angegebenen mittleren Fehler Einheiten der 5. Dezimale, bei ζ hingegen Einheiten der 4. Dezimale). Die 8. bis 10. Spalte gibt dann die selenozentrischen Polarkoordinaten λ, β und die absolute Höhe in Kilometern über dem mittleren Mondniveau (entsprechend 1738,0 km Abstand vom Zentrum). Die 11. Spalte (die letzte der linken Seiten) gibt das verwendete Verhältnis in den Gewichten der ξ- und η-Gleichungen an (1 : 1 oder 1 : 3).

Auf der rechten Seite ist in der 1. Spalte die I. A. U.-Nummer wiederholt, in der 2. sind die Restfehler angegeben, die die Fehlergleichungen (17) hinterlassen. Die obere Zeile gibt dabei die Restfehler in der ξ-Koordinate, die untere in der η-Koordinate. Ferner ist dabei zu beachten, daß die Ergebnisse jeder Platte von der anderen durch einen Strichpunkt getrennt sind. Liegt bei einer Platte kein Ergebnis vor, so steht ein waagrechter Strich an dessen Stelle (zwischen zwei Strichpunkten). Liegen bei einer Platte zwei Ergebnisse vor, so sind diese durch einen Beistrich getrennt. Restfehler von Beobachtungen, die bei der Ausgleichung nicht anerkannt wurden (meist wegen zu großer Fehler), sind eingeklammert. Die 3. Spalte gibt die bei Franz [2] verwendete Bezeichnung. Handelt es sich dabei um eine Bezeichnung, von der Franz selbst später abgekommen ist (etwa weil er einen Irrtum entdeckte), so ist diese eingeklammert. Die 4. Spalte gibt den Unterschied des Ortes nach Saunder [10] gegenüber dem in dieser Arbeit ermittelten. Die 5. und letzte Spalte der rechten Seite gibt Bemerkungen, besonders gibt sie darüber Auskunft, ob der betreffende Punkt ein Fundamentalpunkt ist.

Literaturverzeichnis

[1] Schrutka-Rechtenstamm, G.: Neureduktion der acht von J. Franz und der vier von F. Hayn gemessenen Mondkraterpositionen. Sitz.-Ber. Akad. Wien, math.-naturw. Kl. **165**, 97–126 = Mitt. Sternw. Wien **9**, 97–126 (1956).

[2] Franz, J.: Ortsbestimmung von 150 Mondkratern. Mitt. Sternw. Breslau **1**, 1–51 (1901).

[3] Schrutka-Rechtenstamm, G.: Zur physischen Libration des Mondes. Sitz.-Ber. Akad. Wien, math.-naturw. Kl. **164**, 323–385 = Mitt. Sternw. Wien, **8**, 151–213 (1955).

[4] Vasilevskis, S.: Scheme for the Solution of Normal Equations on the Calculating Machine. Riga, Publ. de l'Obs. Astr. Nr. 4 (1940).

[5] Franz, J.: Die Randlandschaften des Mondes. Nova Acta, Leop. Ak. d. Naturf. **91**, Nr. 1 (1913).

[6] Hopmann, J.: Selenodätische Untersuchungen. Sitz.-Ber. Akad. Wien, math.-naturw. Kl. **161**, 1–46 = Mitt. Sternw. Wien **6**, 13–58 (1952).

[7] Hayn, F.: Selenographische Koordinaten. Leipzig, Sächs. Ges. d. Wissensch., IV. Abh. (1914).

[8] Prey, A.: Darstellung der Höhen- und Tiefenverhältnisse der Erde durch eine Entwicklung nach Kugelfunktionen bis zur 16. Ordnung. Abh. Ges. d. Wiss., Göttingen, math.-phys. Kl., Neue Folge **XI**., **1**.

[9] Blagg, Mary A. und Müller K.: Named lunar formations. Herausgeg. von der Int. Astr. Union (1935).

[10] Saunder, S. A.: Results of the Measurement of Two Yerkes Negatives. Mem. Royal Astr. Soc. **60** (1911).

Tabelle 1. Librationsdaten der fünf Lickplatten

Platte	I	II	III	IV	V
t (mittl. Zeit Greenwich)	1890 Jun. 29 $18^h\,11^m\,0^s$	1890 Aug. 31 $22^h\,27^m\,0^s$	1890 Okt. 26 $16^h\,47^m\,18^s{,}5$	1891 März 23 $17^h\,15^m\,30^s$	1891 Jul. 19 $18^h\,33^m\,59^s$
l	$-5°{,}7032$	$+5°{,}6052$	$+4°{,}6086$	$-0°{,}3304$	$-5°{,}4679$
b	$-1°{,}2351$	$+6°{,}6735$	$+5°{,}9302$	$-6°{,}2280$	$+4°{,}7489$
C	$+8°{,}422$	$-22°{,}541$	$-20°{,}524$	$+23°{,}018$	$-5°{,}546$
$+\cos l$	$+0{,}995050$	$+0{,}995219$	$+0{,}996767$	$+0{,}999983$	$+0{,}995450$
$-\sin l$	$+0{,}099375$	$-0{,}097673$	$-0{,}080348$	$+0{,}005767$	$+0{,}095288$
$-\sin b\,\sin l$	$-0{,}002142$	$-0{,}011351$	$-0{,}008301$	$-0{,}000626$	$+0{,}007889$
$+\cos b$	$+0{,}999768$	$+0{,}993225$	$+0{,}994648$	$+0{,}994098$	$+0{,}996567$
$-\sin b\,\cos l$	$+0{,}021448$	$-0{,}115655$	$-0{,}102983$	$+0{,}108483$	$-0{,}082412$
$+\cos b\,\sin l$	$-0{,}099352$	$+0{,}097011$	$+0{,}079918$	$-0{,}005733$	$-0{,}094961$
$+\sin b$	$-0{,}021555$	$+0{,}116211$	$+0{,}103317$	$-0{,}108485$	$+0{,}082789$
$+\cos b\,\cos l$	$+0{,}994819$	$+0{,}988476$	$+0{,}991432$	$+0{,}994081$	$+0{,}992033$
s	$982''{,}53$	$992''{,}21$	$977''{,}08$	$894''{,}47$	$973''{,}53$
α	$-32°$	$+31°$	$-10°$	$-14°$	$-16°$

Tabelle 2. Reduktion der Meßkoordinaten auf die Koordinaten der Normallage

Platte I

$x = x_1$	$+ 0{,}119$	$y = y_1$	$+ 0{,}006$
$x = x_2$	$+ 0{,}129$	$y = y_2$	$+ 0{,}008$
$x = x_3$	$+ 0{,}167$	$y = y_3$	$- 0{,}029$
$x = x_4$	$+ 0{,}494$	$y = y_4$	$- 0{,}015$
$x = x_5$	$+ 0{,}495$	$y = y_5$	$+ 0{,}013$
$x = x_6$	$- 0{,}127$	$y = y_6$	$- 0{,}013$
$x = x_7$	$- 0{,}306$	$y = y_7$	$- 0{,}002$
$x = x_8$	$- 0{,}310$	$y = y_8$	$- 0{,}024$
$x = x_9$	$- 0{,}307$	$y = y_9$	$+ 0{,}016$
$x = x_N + 0{,}00051 \cdot y_N - 0{,}244$		$y = y_N - 0{,}00051 \cdot x_N - 0{,}022$	

Platte II

$x = x_1$	$- 0{,}404$	$y = y_1$	$+ 0{,}004$
$x = x_2$	$+ 2{,}922$	$y = y_2$	$- 0{,}022$
$x = x_3$	$+ 1{,}580$	$y = y_3$	$- 0{,}004$
$x = x_4$	$+ 0{,}059$	$y = y_4$	$+ 0{,}066$
$x = x_5$	$- 0{,}686$	$y = y_5$	$+ 0{,}001$
$x = x_6$	$- 0{,}361$	$y = y_6$	$+ 0{,}047$
$x = x_7$	$- 0{,}450$	$y = y_7$	$+ 0{,}036$
$x = x_8$	$- 0{,}441$	$y = y_8$	$+ 0{,}003$
$x = x_9$	$- 0{,}447$	$y = y_9$	$+ 0{,}033$
$x = x_N + 0{,}00067 \cdot y_N + 3{,}008$		$y = y_N - 0{,}00067 \cdot x_N - 0{,}022$	

Platte III

$x = x_1$	$+ 4{,}498$	$y = y_1$	$+ 0{,}016$
$x = x_2$	$+ 3{,}376$	$y = y_2$	$- 0{,}036$
$x = x_3$	$+ 3{,}377$	$y = y_3$	$- 0{,}012$
$x = x_4$	$+ 4{,}706$	$y = y_4$	$- 0{,}024$
$x = x_5$	$+ 2{,}797$	$y = y_5$	$- 0{,}018$
$x = x_6$	$+ 1{,}156$	$y = y_6$	$- 0{,}125$ [1]
$x = x_7 - 0{,}00059 \cdot y_7 - 0{,}028$		$y = y_7 + 0{,}00059 \cdot x_7 + 0{,}000$	
$x = x_8 - 0{,}00059 \cdot y_8 - 0{,}056$		$y = y_8 + 0{,}00059 \cdot x_8 - 0{,}015$	
$x = x_9 - 0{,}00059 \cdot y_9 - 0{,}064$		$y = y_9 + 0{,}00059 \cdot x_9 - 0{,}010$	
$x = x_N - 0{,}00005 \cdot y_N - 2{,}733$		$y = y_N + 0{,}00005 \cdot x_N - 0{,}018$	

---

[1] Hiebei ist an die y_2-Messung von y_6 zuerst als Korrektion anzubringen: $- 0{,}00029 \cdot x_6$.

Platte IV

$x = x_1$	$+ 0{,}022$	$y = y_1$	$+ 0{,}023$
$x = x_2$	$+ 0{,}022$	$y = y_2$	$- 0{,}004$
$x = x_3$	$+ 0{,}030$	$y = y_3$	$+ 0{,}008$
$x = x_4$	$+ 0{,}034$	$y = y_4$	$+ 0{,}010$
$x = x_5$	$+ 0{,}058$	$y = y_5$	$+ 0{,}002$
$x = x_6$	$- 0{,}458$	$y = y_6$	$- 0{,}007$
$x = x_7$	$+ 0{,}003$	$y = y_7$	$+ 0{,}022$
$x = x_8$	$- 0{,}003$	$y = y_8$	$+ 0{,}024$
$x = x_9$	$- 0{,}273$	$y = y_9$	$+ 0{,}002$
$x = x_N + 0{,}00028 \cdot y_N - 3{,}834$		$y = y_N - 0{,}00010 \cdot x_N - 0{,}059$	

Platte V

$x = x_1$	$+ 0{,}000$	$y = y_1$	$+ 0{,}026$
$x = x_2$	$+ 0{,}003$	$y = y_2$	$+ 0{,}023$
$x = x_3$	$- 0{,}005$	$y = y_3$	$+ 0{,}003$
$x = x_4$	$- 0{,}004$	$y = y_4$	$- 0{,}001$
$x = x_5$	$+ 1{,}505$	$y = y_5$	$+ 0{,}001$
$x = x_6$	$+ 3{,}036$	$y = y_6$	$+ 0{,}010$
$x = x_7$	$+ 3{,}148$	$y = y_7$	$- 0{,}008$
$x = x_8$	$+ 3{,}316$	$y = y_8$	$- 0{,}018$
$x = x_9$	$+ 3{,}127$	$y = y_9$	$+ 0{,}025$
$x = x_N + 0{,}00034 \cdot y_N - 0{,}250$		$y = y_N - 0{,}00034 \cdot x_N - 0{,}005$	

Tabelle 3. Koordinaten der Fundamentalpunkte in der Normallage

Platte I

	x_k	y_k
Mösting A	− 25,502	− 9,068
Proclus	− 127,674	+ 40,520
Macrobius A	− 126,119	+ 26,290
Sharp A	− 69,927	− 123,180
Aristarch	− 16,697	− 114,654
Gassendi ζ	+ 51,913	− 49,600
Byrgius A	−	−
Nicolai A	+ 8,140	+ 84,355
Janssen K	(− 0,467)	(+ 104,799)
W. H. Pickering ...	− 97,892	+ 71,917

Platte II

	x_k	y_k
Mösting A	− 32,007	+ 22,900
Proclus	+ 37,415	− 81,502
Macrobius A	+ 42,042	− 66,928
Sharp A	+ 77,381	+ 86,611
Aristarch	−	−
Gassendi ζ	− 70,200	+ 91,435
Byrgius A	−	−
Nicolai A	− 102,093	− 48,181
Janssen K	− 101,416	− 74,304
W. H. Pickering ...	− 5,139	− 92,414

Platte III

	x_k	y_k
Mösting A	+ 31,829	− 64,163
Proclus	− 7,400	+ 52,057
Macrobius A	− 15,620	+ 39,553
Sharp A	− 87,598	− 98,189
Aristarch	(− 43,355)	(− 133,713)
Gassendi ζ	+ 51,324	− 139,940
Byrgius A	−	−
Nicolai A	+ 116,994	− 15,153
Janssen K	+ 123,242	+ 9,440
W. H. Pickering ...	+ 35,765	+ 51,787

Platte IV

	x_k	y_k
Mösting A	− 0,303	− 39,391
Proclus	− 97,915	+ 1,900
Macrobius A	− 95,097	− 11,773
Sharp A	− 29,877	− 138,370
Aristarch	+ 17,753	− 127,954
Gassendi ζ	+ 73,471	− 64,520
Byrgius A	+ 102,777	− 63,815
Nicolai A	+ 20,729	+ 53,263
Janssen K	+ 10,700	+ 73,575
W. H. Pickering ...	− 73,943	+ 32,516

Platte V

	x_k	y_k
Mösting A	+ 1,647	− 2,783
Proclus	+ 91,091	− 75,057
Macrobius A	+ 92,473	− 61,521
Sharp A	+ 80,191	+ 96,635
Aristarch	(+ 25,241)	(+ 102,105)
Gassendi ζ	− 58,217	+ 57,984
Byrgius A	− 82,809	+ 75,384
Nicolai A	− 50,352	− 80,807
Janssen K	− 45,135	− 101,516
W. H. Pickering ...	+ 54,107	− 96,999

Tabelle 4. Fehlergleichungen für Plattenkonstanten und Lage der Fundamentalpunkte

Platte I

$$+0,03\alpha_1 + X_1 + 0,01dR_1 \qquad = -22$$
$$-0,29\alpha_1 + X_1 + 0,76dR_1 + d\xi_B + 0,99d\zeta_B = +30 \qquad +0,01\alpha_1 + Y_1 - 0,03dR_1 \qquad = -25$$
$$-0,35\alpha_1 + X_1 + 0,68dR_1 + d\xi_C + 0,99d\zeta_C = +29 \qquad +0,76\alpha_1 + Y_1 + 0,29dR_1 + d\eta_B + 0,21d\zeta_B = +96$$
$$+0,75\alpha_1 + X_1 - 0,40dR_1 + d\xi_D + 0,99d\zeta_D = +6 \qquad +0,68\alpha_1 + Y_1 + 0,35dR_1 + d\eta_C + 0,21d\zeta_C = +46$$
$$+0,27\alpha_1 + X_1 - 0,58dR_1 + d\xi_E + 0,99d\zeta_E = +82 \qquad -0,40\alpha_1 + Y_1 + 0,75dR_1 + d\eta_D + 0,21d\zeta_D = +39$$
$$+0,66\alpha_1 + X_1 + 0,36dR_1 + d\xi_F + 0,99d\zeta_F = -22 \qquad -0,58\alpha_1 + Y_1 - 0,27dR_1 + d\eta_E + 0,21d\zeta_E = +22$$
$$+0,01\alpha_1 + 0,5X_1 + 0,40dR_1 + 0,5d\xi_H + 0,50d\zeta_H = +39 \qquad +0,36\alpha_1 + Y_1 - 0,66dR_1 + d\eta_F + 0,21d\zeta_F = -13$$
$$\qquad\qquad\qquad +0,40\alpha_1 + 0,5Y_1 - 0,01dR_1 + 0,5d\eta_H + 0,11d\zeta_H = +7$$

Platte II

$$+0,17\alpha_2 + X_2 - 0,19dR_2 \qquad = +15$$
$$+0,19\alpha_2 + X_2 + 0,63dR_2 + d\xi_B - 0,98d\zeta_B = +70 \qquad -0,19\alpha_2 + Y_2 - 0,17dR_2 \qquad = +11$$
$$-0,24\alpha_2 + X_2 + 0,54dR_2 + d\xi_C - 0,98d\zeta_C = +63 \qquad +0,63\alpha_2 + Y_2 + 0,19dR_2 + d\eta_B - 1,16d\zeta_B = +82$$
$$+0,68\alpha_2 + X_2 + 0,50dR_2 + d\xi_D - 0,98d\zeta_D = -67 \qquad +0,54\alpha_2 + Y_2 + 0,24dR_2 + d\eta_C - 1,16d\zeta_C = -26$$
$$-0,35\alpha_2 + X_2 - 0,72dR_2 + d\xi_E - 0,98d\zeta_E = -32 \qquad +0,50\alpha_2 + Y_2 + 0,68dR_2 + d\eta_D - 1,16d\zeta_D = -53$$
$$+0,75\alpha_2 + X_2 + 0,23dR_2 + d\xi_F - 0,98d\zeta_F = -5 \qquad -0,72\alpha_2 + Y_2 - 0,35dR_2 + d\eta_E - 1,16d\zeta_E = -17$$
$$+0,78\alpha_2 + X_2 + 0,41dR_2 + d\xi_G - 0,98d\zeta_G = -6 \qquad +0,23\alpha_2 + Y_2 - 0,75dR_2 + d\eta_F - 1,16d\zeta_F = -16$$
$$+0,06\alpha_2 + 0,5X_2 + 0,33d\xi_H - 0,49d\zeta_H = -21 \qquad +0,41\alpha_2 + Y_2 - 0,78dR_2 + d\eta_G - 1,16d\zeta_G = -7$$
$$\qquad\qquad\qquad +0,33\alpha_2 + 0,5Y_2 - 0,06dR_2 + 0,5d\eta_H - 0,58d\zeta_H = -17$$

Platte III

$$+0,16\alpha_3 + X_3 - 0,17dR_3 \qquad = +16$$
$$+0,20\alpha_3 + X_3 + 0,65dR_3 + d\xi_B - 0,80d\zeta_B = -19 \qquad -0,17\alpha_3 + Y_3 - 0,16dR_3 \qquad = +13$$
$$-0,25\alpha_3 + X_3 + 0,55dR_3 + d\xi_C - 0,80d\zeta_C = +5 \qquad +0,65\alpha_3 + Y_3 + 0,20dR_3 + d\eta_B - 1,03d\zeta_B = +39$$
$$-0,69\alpha_3 + X_3 - 0,49dR_3 + d\xi_D - 0,80d\zeta_D = -40 \qquad +0,55\alpha_3 + Y_3 + 0,25dR_3 + d\eta_C - 1,03d\zeta_C = -36$$
$$+0,35\alpha_3 + X_3 - 0,71dR_3 + d\xi_E - 0,80d\zeta_E = +3 \qquad +0,49\alpha_3 + Y_3 + 0,69dR_3 + d\eta_D - 1,03d\zeta_D = -100$$
$$+0,74\alpha_3 + X_3 + 0,24dR_3 + d\xi_F - 0,80d\zeta_F = +2 \qquad +0,71\alpha_3 + Y_3 - 0,35dR_3 + d\eta_E - 1,03d\zeta_E = +51$$
$$+0,77\alpha_3 + X_3 + 0,42dR_3 + d\xi_G - 0,80d\zeta_G = -34 \qquad +0,24\alpha_3 + Y_3 - 0,74dR_3 + d\eta_F - 1,03d\zeta_F = +31$$
$$+0,06\alpha_3 + 0,5X_3 + 0,34d\xi_H - 0,40d\zeta_H = -15 \qquad +0,42\alpha_3 + Y_3 - 0,77dR_3 + d\eta_G - 1,03d\zeta_G = +6$$
$$\qquad\qquad\qquad +0,34\alpha_3 + 0,5Y_3 - 0,06dR_3 + 0,5d\eta_H - 0,51d\zeta_H = +1$$

Neureduktion der 150 Mondpunkte   113

Platte IV

$-0{,}05\alpha_4 + X_4 - 0{,}08\,dR_4 \hspace{2.5em} = +18 \hspace{2em} -0{,}08\alpha_4 + Y_4 + 0{,}05\,dR_4 \hspace{2.5em} = -17$

$-0{,}35\alpha_4 + X_4 + 0{,}71\,dR_4 + d\xi_B + 0{,}06\,d\zeta_B = -19 \hspace{2em} +0{,}71\alpha_4 + Y_4 + 0{,}35\,dR_4 + d\eta_B + 1{,}08\,d\zeta_B = +19$

$-0{,}41\alpha_4 + X_4 + 0{,}61\,dR_4 + d\xi_C + 0{,}06\,d\zeta_C = +22 \hspace{2em} +0{,}61\alpha_4 + Y_4 + 0{,}41\,dR_4 + d\eta_C + 1{,}08\,d\zeta_C = -15$

$-0{,}79\alpha_4 + X_4 - 0{,}45\,dR_4 + d\xi_D + 0{,}06\,d\zeta_D = -50 \hspace{2em} -0{,}45\alpha_4 + Y_4 + 0{,}79\,dR_4 + d\eta_D + 1{,}08\,d\zeta_D = +44$

$+0{,}20\alpha_4 + X_4 - 0{,}65\,dR_4 + d\xi_E + 0{,}06\,d\zeta_E = -52 \hspace{2em} -0{,}65\alpha_4 + Y_4 - 0{,}20\,dR_4 + d\eta_E + 1{,}08\,d\zeta_E = +48$

$+0{,}60\alpha_4 + X_4 + 0{,}30\,dR_4 + d\xi_F + 0{,}06\,d\zeta_F = -8 \hspace{2.5em} +0{,}30\alpha_4 + Y_4 - 0{,}60\,dR_4 + d\eta_F + 1{,}08\,d\zeta_F = +4$

$+0{,}66\alpha_4 + X_4 + 0{,}47\,dR_4 + d\xi_G + 0{,}06\,d\zeta_G = -37 \hspace{2em} +0{,}47\alpha_4 + Y_4 - 0{,}66\,dR_4 + d\eta_G + 1{,}08\,d\zeta_G = 0$

$-0{,}02\alpha_4 + 0{,}5\,X_4 + 0{,}37\,dR_4 + 0{,}5\,d\xi_H + 0{,}03\,d\zeta_H = -10 \hspace{2em} +0{,}37\alpha_4 + 0{,}5\,Y_4 + 0{,}02\,dR_4 + 0{,}5\,d\eta_H + 0{,}54\,d\zeta_H = -26$

Platte V

$+0{,}14\alpha_5 + X_5 + 0{,}01\,dR_5 \hspace{2.5em} = -10 \hspace{2em} +0{,}01\alpha_5 + Y_5 - 0{,}14\,dR_5 \hspace{2.5em} = +12$

$-0{,}23\alpha_5 + X_5 + 0{,}76\,dR_5 + d\xi_B + 0{,}95\,d\zeta_B = -46 \hspace{2em} +0{,}76\alpha_5 + Y_5 + 0{,}23\,dR_5 + d\eta_B - 0{,}82\,d\zeta_B = +65$

$-0{,}28\alpha_5 + X_5 + 0{,}68\,dR_5 + d\xi_C + 0{,}95\,d\zeta_C = -7 \hspace{2.5em} +0{,}68\alpha_5 + Y_5 + 0{,}28\,dR_5 + d\eta_C - 0{,}82\,d\zeta_C = -12$

$-0{,}69\alpha_5 + X_5 - 0{,}41\,dR_5 + d\xi_D + 0{,}95\,d\zeta_D = -49 \hspace{2em} -0{,}41\alpha_5 + Y_5 + 0{,}69\,dR_5 + d\eta_D - 0{,}82\,d\zeta_D = -96$

$+0{,}34\alpha_5 + X_5 - 0{,}58\,dR_5 + d\xi_E + 0{,}95\,d\zeta_E = +29 \hspace{2em} -0{,}58\alpha_5 + Y_5 - 0{,}34\,dR_5 + d\eta_E - 0{,}82\,d\zeta_E = +17$

$+0{,}72\alpha_5 + X_5 + 0{,}36\,dR_5 + d\xi_F + 0{,}95\,d\zeta_F = -4 \hspace{2.5em} +0{,}36\alpha_5 + Y_5 - 0{,}72\,dR_5 + d\eta_F - 0{,}82\,d\zeta_F = +46$

$+0{,}76\alpha_5 + X_5 + 0{,}51\,dR_5 + d\xi_G + 0{,}95\,d\zeta_G = -42 \hspace{2em} +0{,}51\alpha_5 + Y_5 - 0{,}76\,dR_5 + d\eta_G - 0{,}82\,d\zeta_G = +20$

$+0{,}04\alpha_5 + 0{,}5\,X_5 + 0{,}40\,dR_5 + 0{,}5\,d\xi_H + 0{,}48\,d\zeta_H = -44 \hspace{2em} +0{,}40\alpha_5 + 0{,}5\,Y_5 - 0{,}04\,dR_5 + 0{,}5\,d\eta_H - 0{,}41\,d\zeta_H = -3$

Tabelle 5. Normalgleichungsbestandteile infolge der Heliometermessungen (bei W. H. Pickering: Refraktoranschlüsse)

Proclus .... $+ 0{,}37\, d\, \xi_B \qquad\qquad\quad - 0{,}05\, d\, \zeta_B = 0$
$\qquad\qquad\qquad\qquad\qquad\qquad + 0{,}37\, d\, \eta_B + 0{,}17\, d\, \zeta_B = 0$
$\qquad\qquad\qquad - 0{,}05\, d\, \xi_B + 0{,}17\, d\, \eta_B + 0{,}33\, d\, \zeta_B = 0$

Macrobius A ...... $+ 0{,}44\, d\, \xi_C \qquad\qquad\quad + 0{,}02\, d\, \zeta_C = 0$
$\qquad\qquad\qquad\qquad\qquad\qquad + 0{,}44\, d\, \eta_C + 0{,}03\, d\, \zeta_C = 0$
$\qquad\qquad\qquad + 0{,}02\, d\, \xi_C + 0{,}03\, d\, \eta_C + 0{,}35\, d\, \zeta_C = 0$

Sharp A .... $+ 0{,}36\, d\, \xi_D \qquad\qquad\quad + 0{,}13\, d\, \zeta_D = 0$
$\qquad\qquad\qquad\qquad\qquad\qquad + 0{,}36\, d\, \eta_D + 0{,}06\, d\, \zeta_D = 0$
$\qquad\qquad\qquad + 0{,}13\, d\, \xi_D + 0{,}06\, d\, \eta_D + 0{,}19\, d\, \zeta_D = 0$

Gassendi ζ .... $+ 0{,}60\, d\, \xi_E \qquad\qquad\quad + 0{,}14\, d\, \zeta_E = 0$
$\qquad\qquad\qquad\qquad\qquad\qquad + 0{,}60\, d\, \eta_E + 0{,}25\, d\, \zeta_E = 0$
$\qquad\qquad\qquad + 0{,}14\, d\, \xi_E + 0{,}25\, d\, \eta_E + 0{,}58\, d\, \zeta_E = 0$

Nicolai A .... $+ 1{,}28\, d\, \xi_F \qquad\qquad\quad + 0{,}28\, d\, \zeta_F = 0$
$\qquad\qquad\qquad\qquad\qquad\qquad + 1{,}28\, d\, \eta_F + 0{,}27\, d\, \zeta_F = 0$
$\qquad\qquad\qquad + 0{,}28\, d\, \xi_F + 0{,}27\, d\, \eta_F + 0{,}69\, d\, \zeta_F = 0$

Janssen K .... $+ 0{,}37\, d\, \xi_G \qquad\qquad\quad + 0{,}13\, d\, \zeta_G = 0$
$\qquad\qquad\qquad\qquad\qquad\qquad + 0{,}37\, d\, \eta_G - 0{,}03\, d\, \zeta_G = 0$
$\qquad\qquad\qquad + 0{,}13\, d\, \xi_G - 0{,}03\, d\, \eta_G + 0{,}23\, d\, \zeta_G = 0$

W. H. Pickering ... $+ 1{,}37\, d\, \xi_H - 0{,}17\, d\, \eta_H - 0{,}66\, d\, \zeta_H = 0$
$\qquad\qquad\qquad - 0{,}17\, d\, \xi_H + 3{,}15\, d\, \eta_H + 0{,}90\, d\, \zeta_H = 0$
$\qquad\qquad\qquad - 0{,}66\, d\, \xi_H + 0{,}90\, d\, \eta_H + 2{,}84\, d\, \zeta_H = 0$

Ferner für die bei der Großausgleichung nicht benützten Punkte:

Aristarch .... $+ 0{,}27\, d\, \xi \qquad\qquad\quad + 0{,}14\, d\, \zeta = 0$
$\qquad\qquad\qquad\qquad\qquad\qquad + 0{,}27\, d\, \eta + 0{,}03\, d\, \zeta = 0$
$\qquad\qquad\qquad + 0{,}14\, d\, \xi + 0{,}03\, d\, \eta + 0{,}25\, d\, \zeta = 0$

Byrgius A .... $+ 0{,}16\, d\, \xi \qquad\qquad\quad + 0{,}07\, d\, \zeta = 0$
$\qquad\qquad\qquad\qquad\qquad\qquad + 0{,}16\, d\, \eta + 0{,}10\, d\, \zeta = 0$
$\qquad\qquad\qquad + 0{,}07\, d\, \xi + 0{,}10\, d\, \eta + 0{,}21\, d\, \zeta = 0$

Tabelle 6. Formeln für die Reduktion der Koordinaten der Normallage in die Standardkoordinaten

Platte I

$x'_s = - 0{,}00474418\, x + 0{,}00548363\, y - 0{,}062014$
$y'_s = - 0{,}00548641\, x - 0{,}00474736\, y - 0{,}217340$

Platte II

$x'_s = + 0{,}00123450\, x - 0{,}00707473\, y + 0{,}013959$
$y'_s = + 0{,}00707546\, x + 0{,}00123375\, y + 0{,}028257$

Platte III

$x'_s = + 0{,}00065200\, x + 0{,}00726845\, y + 0{,}275250$
$y'_s = - 0{,}00727004\, x + 0{,}00065081\, y + 0{,}115458$

Platte IV

$x'_s = - 0{,}00579859\, x + 0{,}00547001\, y + 0{,}129298$
$y'_s = - 0{,}00546855\, x - 0{,}00579873\, y - 0{,}176980$

Platte V

$x'_s = + 0{,}00312230\, x - 0{,}00662433\, y - 0{,}018227$
$y'_s = + 0{,}00663035\, x + 0{,}00312513\, y - 0{,}140886$

IAU Nr.	Formation	Franz Nr.	Saunder Nr.	ξ	η	ζ	λ	β	h in km	Gew. Verh.
12	Hansen A	59	—	+0,93810±29	+0,23117±15	+0,2534±15	+74,88°	+13,38°	-2,0±0,8	3
142	Hahn A	126	2879	+0,81554±15	+0,49507±15	+0,2979±15	+69,93	+29,69	-0,9±0,8	1
177	Tralles A	144	2857	+0,64954±17	+0,46075±10	+0,6053±10	+47,02	+27,43	+0,5±1,1	3
182	Macrobius A	82	2837	+0,61021±6	+0,33459±4	+0,7182±4	+40,35	+19,55	+0,1±0,5	3
183	Macrobius B	83	2839	+0,61066±9	+0,35719±9	+0,7065±8	+40,84	+20,93	-0,3±1,0	1
198	Proclus	117	2863	+0,70183±7	+0,27740±4	+0,6565±4	+46,91	+16,10	+0,4±0,5	3
199	Proclus A	104	2858	+0,65394±11	+0,23074±11	+0,7189±9	+42,29	+13,36	-2,0±1,1	1
216	Taruntius A	137	2869	+0,75817±10	+0,12648±10	+0,6375±8	+49,94	+ 7,28	-2,4±0,9	1
224	Taruntius G	87	2870	+0,75909±14	+0,03263±14	+0,6476±11	+49,53	+ 1,87	-2,9±1,2	1
259	Jansen B	71	2702	+0,44140±7	+0,18531±7	+0,8782±6	+26,68	+10,68	+0,4±0,9	1
267	Vitruvius A	149	2782	+0,52986±10	+0,30497±10	+0,7912±8	+33,81	+17,76	-0,2±1,1	1
385	Maury	48	2765	+0,50949±12	+0,60337±12	+0,6145±10	+39,66	+37,08	+1,1±1,1	1
391	Cepheus A	32	2805	+0,54718±11	+0,65619±11	+0,5193±9	+46,50	+41,02	-0,3±0,8	1
409	Endymion G	40	—	+0,45664±17	+0,83252±17	+0,3134±14	+55,54	+56,37	-0,1±0,8	1
427	Thales	138	—	+0,36445±12	+0,88051±9	+0,3007±8	+50,47	+61,78	-1,3±0,5	3
458	Hercules G	62	2693	+0,43546±14	+0,72365±8	+0,5334±8	+39,23	+46,42	-1,9±0,8	3
482	Posidonius A	116	2659	+0,41884±12	+0,52471±12	+0,7396±10	+29,52	+31,69	-2,0±1,3	1
519	Dawes	112	2669	+0,42363±5	+0,29588±5	+0,8553±4	+26,35	+17,22	-1,3±0,6	1
522	Plinius β	113	2603	+0,38563±11	+0,26422±11	+0,8841±9	+23,57	+15,32	+0,1±1,4	1
535	Maclear	124	2471	+0,33786±18	+0,18265±12	+0,9224±11	+20,12	+10,53	-1,4±1,8	3
537	Manners	9	2482	+0,34089±17	+0,07999±10	+0,9369±10	+19,99	+ 4,59	+0,3±1,6	3
553	Dionysius	36	2345	+0,29727±13	+0,04866±7	-0,9534±7	+17,32	+ 2,79	-0,3±1,1	3
561	Cayley	37	2242	+0,26005±8	+0,06904±8	-0,9632±7	+15,11	+ 3,96	+0,1±1,2	1
572	Sosigenes	133	2347	+0,29903±9	+0,15160±8	+0,9413±7	+17,63	+ 8,73	-1,4±1,1	1
573	Sosigenes A	134	2385	+0,31384±13	+0,13529±13	+0,9403±11	+18,46	+ 7,77	+0,8±1,8	1
587	Taquet	135	2387	+0,31477±10	+0,28615±6	+0,9045±8	+19,19	+16,64	-0,8±0,9	3
592	Taquet A	136	2462	+0,33541±12	+0,24749±8	+0,9074±8	+20,29	+14,35	-2,5±1,3	3
619	Bessel	17	2309	+0,28553±8	+0,36988±5	+0,8835±5	+17,91	+21,72	-0,9±0,8	3
622	Bessel A	18	2427	+0,32537±18	+0,41838±10	+0,8462±10	+21,03	+24,77	-2,6±1,5	3
629	Linne	79	1961	+0,18090±10	+0,46498±10	+0,8659±8	+11,80	+27,73	-1,1±1,2	1
727	Eudoxus A	41	2167	+0,23952±10	+0,71666±10	+0,6558±9	+20,06	+45,75	+0,9±1,0	1
814	Boscovich α	23	—	+0,18361±19	+0,15975±19	+0,9712±16	+10,71	+ 9,18	+2,1±2,7	1
816	Silberschlag	129	2077	+0,21604±18	+0,10851±18	+0,9723±15	+12,53	+ 6,22	+3,3±2,5	1
819	Silberschlag A	130	2126	+0,22707±7	+0,12103±7	+0,9659±6	+13,23	+ 6,95	-0,7±1,0	1
834	Rhaeticus A	122	1649	+0,09057±14	+0,03064±8	+0,9965±8	+ 5,19	+ 1,75	+1,9±1,4	3
835	Rhaeticus B	123	1740	+0,11892±12	+0,02855±8	+0,9945±8	+ 6,82	+ 1,63	+3,5±1,4	3
846	Triesnecker	145	1560	+0,06306±9	+0,07319±9	+0,9973±8	+ 3,62	+ 4,19	+3,4±1,4	1
857	Bruce	132	1377	+0,00696±15	+0,02074±15	+1,0009±13	+ 0,40	+ 1,19	+2,0±2,3	1

Neureduktion der 150 Mondpunkte

IAU Nr.	Restfehler	Bezeichnung bei J.Franz	Saunder -neuer Ort	Anmerkungen
12	-; -; -49; +33; +16 -; -; +23; - 7; -16			
142	+3;-; -; -2; - +3;-; -; -2; -	Seneca A	-16, -17	
177	+56,+49; 0; -28; -14; -11 +21,-24;-15;- 4; -14; +33		+18, -17	
182	-17; +13, -5; +19, -1 +11; -12; +3; - 2; +2	Macrobius a	+18, -6	Fundamentalpunkt
183	+ 8; +3; -16; +19; -13 + 4; -32; +6; -8; +32		+10, +6	
198	+19; +12; -26; -4; +1 + 5; +11; -5; -2; -2		+12, +17	Fundamentalpunkt
199	(+334); +16; -4; +13; -26 (+2212);-31; +3; +13; +17	Palus Somnii A	+21, +9	
216	+28; -11; +10; -7; -17 -31; -11; +14; +9; +19		-12, -3	
224	-7; -38; -8; +44; +8 -37; 0; +2; -4; +41	(Mare Foecund. G)	+34, -3	
259	-6;(-91); +3; -12; +16 +9; +5; -9; -10; +8		-42, -17	
267	(-27); +1; +2; -9; +4 (-70); -1; -19; -4; +22		+50, -11	
385	(+94), +32; +4; -32; +6; -12 (-40), -42; -6; +37; +2; +7	Franklin B	+47, +3	
391	+17; +1; -23; +15, +4; -4 -46; -8; +31; +10, +11; +13		-27, +25	
409	+35; +5; -40; +38; -36 -22; -39; +28; -7; +40		—	
427	-2; +21;(-179); -16; -3 +14; -11; (+101); 0; -1		—	
458	+31; +29; -40; +9; -30 +2; -18; +23; -2; -3	Hercules D	-57, +24	
482	+10; +17; -21; +18; -22 +43; -23; -10; -21; +13		+11, +4	
519	+11; -4; -4; +2; -6 +6; +7; -3; -13; -9	Plinius A	+14, + 5	
522	+38; -6;(+59),-4; -8; -18 -25; -17;(+52),+29; -2; +16	Plinius Zentralberg	+211, -24	
535	+ 9; -47; +22; +40; -23 -36; -12; +30; +16; +2	Ross A	+26, +6	
537	+38; -57; +28; +5; -12 -18; -18; +16; -2; +20	Arago A	+24, -10	
553	((+96); -12; -7; +29; -11 -6;+24; -9; +6; -16		+ 5, -10	
561	+13;(-95), -3; +1; -9 -24;(-14), +2; +10; +11	Dionysius A	+16, -16	
572	+12; (-96); +9; +6; -27 + 1; -24; -6; +3; +25		- 1, -20	
573	+16; -48; +24; +7; +2 -43; +4; +18; +4; +17	Sosigenes a	+34, -17	
587	+30; +6; +5; -4; -38 - 3; -24; +26; +3; 0		+ 8, -22	
592	+32;(-72); -16; -6; -8 -14; +4; +12; +4; -4		+ 4, + 6	
619	+25; -17; +6; +12; -24 +12; +1; +5; -7; -11		+17, +7	
622	+14; +55; -29; -10; -32 -29; -16; +4; +19; +21		-19, -7	
629	- 3; -26; +21; +9; -2 -31; -18; +22; +12; +13		- 5, -8	
727	+15; -3; -8; +22; -24 -19; -18; +36; +10; -7		-18, +24	
814	+38; -70; -20; -11; +35; -8 -46; -24; -43; +40; -17; +57	Boscovich A	—	
816	+11;(-103),-34; +26; +42; -43 -57;(-10),+15; -7; +41; +10		+ 7, -25	
819	(+10; -17; +19; +3; -14 - 4; -13; - 6; -1; +26	Silberschlag a	+17, -23	
834	+41; -43; +21; -11; -6 -28; +4; +7; +7; +12		+ 7, -35	
835	+27; +23; -23; -4; -23 -17; -22; +15; +7; +16	Rhaeticus b	- 5, -43	
846	+30; -4; -18; -6; -2 -31; +8; +6; -7; +23		+ 1, -26	
857	+49; -23; -1; -31; +5 -44; -7; +26; -11; +38	Sinus Medii B	+ 1, -31	

IAU Nr.	Formation	Franz Nr.	Saunder Nr.	ξ	η	ζ	λ	β	h in km	Gew. Verh.
865	Chladni	146	1421	+0,01992±23	+0,06995±9	+0,9982±12	+ 1,14°	+ 4,01°	+1,5±2,1	3
866	Hyginus	69	--	+0,10860±16	+0,13540±16	+0,9848±13	+ 6,29	+ 7,78	0,0±2,2	1
879	Ukert	147	--	+0,02406±19	+0,13483±11	+0,9935±11	+ 1,39	+ 7,73	+5,0±1,9	3
895	Aratus	10	1590	+0,07249±6	+0,40058±6	+0,9148±5	+ 4,53	+23,58	+2,2±0,8	1
932	Cassini C	30	1685	+0,10140±15	+0,66503±9	+0,7383±9	+ 7,82	+41,75	-2,1±1,2	3
965	Egede A	293	1729	+0,11338±10	+0,78268±8	+0,6112±8	+10,51	+51,54	-0,8±0,8	1,5
987	W.C.Bond B	12	1539	+0,05529±18	+0,90590±18	+0,4174±15	+ 7,55	+65,07	-1,8±1,1	1
1113	Pico β	106	--	-0,10370±9	+0,68435±9	+0,7203±7	- 8,19	+43,24	-1,8±0,9	1
1145	Archimedes A	11	1045	-0,09825±10	+0,47011±5	+0,8773±5	- 6,39	+28,04	+0,3±0,8	3
1212	Bode	20	1220	-0,04203±10	+0,11734±6	+0,9933±6	- 2,42	+ 6,73	+1,9±1,0	3
1214	Bode A	21	1292	-0,01973±10	+0,15668±9	+0,9891±8	- 1,14	+ 9,00	+2,8±1,4	1
1215	Bode B	22	1189	-0,05286±11	+0,15236±11	+0,9881±9	- 3,06	+ 8,75	+2,0±1,5	1
1366	Condamine A	33	421	-0,29191±20	+0,81238±11	+0,5036±11	-30,10	+54,38	-1,1±1,0	3
1381	Maupertuis A	91	519	-0,26457±22	+0,77240±13	+0,5747±13	-24,72	+50,68	-2,7±1,3	3
1390	Carlini	29	311	-0,33870±13	+0,55484±13	+0,7583±11	-24,07	+33,75	-2,1±1,5	1
1404	Lambert γ	76	453	-0,28296±12	+0,44582±14	+0,8504±10	-18,40	+26,45	+1,7±1,5	1
1416	Tobias Mayer A	92	141	-0,45745±10	+0,26345±10	+0,8493±8	-28,31	+15,28	0,0±1,2	1
1498	Gambart A	50	351	-0,32082±6	+0,01720±6	+0,9476±5	-18,70	+ 0,99	+1,0±0,8	1
1529	Milichius	98	104	-0,49490±13	+0,17405±7	+0,8517±7	-30,16	+10,02	+0,5±1,0	3
1554	Kepler	72	45	-0,60849±9	+0,14151±9	+0,7807±7	-37,93	+ 8,14	-0,2±1,0	1
1555	Kepler A	668	55	-0,58442±11	+0,12466±8	+0,8020±8	-36,08	+ 7,16	+0,3±1,0	4
1572	Bessarion	16	54	-0,58514±30	+0,25608±30	+0,7704±24	-37,22	+14,83	+1,3±3,2	1
1578	Brayley	43	66	-0,55962±20	+0,35662±12	+0,7482±11	-36,79	+20,89	+0,1±1,4	3
1589	Diophantus	38	101	-0,49812±14	+0,46335±8	+0,7326±8	-34,21	+27,61	-0,4±1,0	3
1614	Mairan E	86	124	-0,47725±17	+0,61222±10	+0,6296±10	-37,16	+57,77	-0,9±1,1	3
1635	Sharp A	127	143	-0,45608±7	+0,73779±4	+0,4942±4	-42,70	+47,65	-3,0±0,4	3
1636	Sharp B	128	121	-0,48426±13	+0,73046±7	+0,4785±7	-45,34	+47,02	-2,6±0,6	3
1659	Foucault	60	205	-0,40715±18	+0,76993±18	+0,4882±16	-39,83	+50,46	-2,7±1,4	1
1671	Bouguer	24	266	-0,35697±10	+0,79038±6	+0,4943±6	-35,84	+52,35	-3,1±0,5	3
1703	Pythagoras α	119	--	-0,39738±20	+0,89407±20	+0,1973±16	-63,60	+63,61	-3,3±0,7	1
1755	Aristarchus	13	--	-0,67467±39	+0,40243±23	+0,6135±44	-47,72	+23,81	-5,6±4,7	3
1814	Marius A	90	23	-0,70116±9	+0,21822±5	+0,6769±5	-46,01	+12,62	-2,2±0,5	3
1832	Reiner	120	10	-0,81179±10	+0,12057±10	+0,5702±8	-54,92	+ 6,93	-1,2±0,8	1
1833	Reiner A	121	13	-0,77779±15	+0,08984±15	+0,6209±13	-51,40	+ 5,16	-1,3±1,4	1
1843	Galilei	49	3	-0,87314±20	+0,18224±20	+0,4495±16	-62,76	+10,51	-2,1±1,3	1
1977	Lohrmann A	80	--	-0,88749±14	-0,01248±8	+0,4588±8	-62,66	- 0,72	-1,5±0,7	1
1992	Damoiseau E	34	6	-0,84672±15	-0,09014±15	+0,5235±14	-58,27	- 5,17	-0,8±1,3	1
2047	Byrgius A	26	--	-0,81658±9	-0,41506±5	+0,4040±5	-63,68	-24,49	+2,0±0,4	3
2088	Sirsalis F	131	7	-0,84258±20	-0,23442±20	+0,4831±17	-60,17	-13,57	-1,5±1,5	1

Neureduktion der 150 Mondpunkte

IAU Nr.	Restfehler	Bezeichnung bei J.Franz	Saunder - neuer Ort	Anmerkungen
865	+80; -5; -14; -3; -57 -27; -2; -1; +7; +24	Triesnecker A	-12, -33	
866	+ 7; +9; +22; +23; -59 -30; -28; +11; +51; -4	Higinus	--	
879	+44; -65; +8; +41; -28 -27; +13; -9; +2; +22		--	
895	-11; +5; 0; +9; -4 +28; -5; -13; -7; -4		+ 1, -39	
932	- 2; +21; -33; +37; -24 + 2; 0; +20; +6; -30		-11, +37	
965			-10, -31	Fundamentalpunkt bei Hayn
987	-23; +12; +25; -42; +39;-21,-12 -22, -49; -51; +29; +18;+53,+29	Archytas B	+12, +24	
1113	+26; -15; +7; +6; -24 -17; +24; +2; +6; -15	Pico B	--	
1145	+41; -11; -29; 0; -3 - 1; + 1; + 9; -10; +2		- 4, -16	
1212	-15; -20; +15; -3; +25 -16; -13; +13; +5; +10		- 8, -25	
1214	+24; +10; -23; +10; -19 0; -26; +26; -10; + 9		-17, -17	
1215	+20; +25; -11; -4; -31 +18; -33; +18; -1; -1		- 3, -39	
1366	+20;(+133),+73; -47; -29; -19 - 8;(+69),-31; +21; +7; +11	Condamine a	-17, +33	
1381	+ 9; +60; -57; +19; -31 -41; +16; +4; +31; -9		-37, +35	
1390	+10; +32; -34; +24; -32 -10; -13; +31; +18; -28		-42, +18	
1404	- 3; -27; +10; +23; -5 +11; -43; +39; -13; +7	Lambert Γ	-38, +11	
1416	-13; +18; -18; +24;-12 +28; -29; +6; -8; +5	Mayer A	0, -42	
1498	-13; -7; -1; +18; +3 + 5; -17; +12; -5; +7		- 1, -39	
1529	+49; + 4; - 7; -5; -39 + 5; -12; +17; - 5; -5		-18, -28	
1554	- 7; -25; +11; +24; -5 +15; -10; +22; -11; -15		-59, - 7	
1555			- 5, -51	Fundamentalpunkt bei Hayn
1572	+90; -47; +5; -19; -30 +26; -14; +105; -58; -58		- 5, +26	
1578	+23; -56; -25; +33; +24 -31; -14; +36; -4; +14	Euler A	-118, +2	
1589	+ 7; +13; +33; -2; -49 + 1; +15; - 6; +16; -25		-48, +9	
1614	-29; -9; +35;-30;+75;+53;-52 +24, +16; -22; 0; -3, 0; +2	Mairan e	+ 5, +22	
1635	- 2; +18; 0; -30; +7 + 4; + 7; +6; +3; -6		-21, + 5	Fundamentalpunkt
1636	-17; -1; -36; +46; +22; +20 +18; +10; -1; -4, -24; -11	Sharp b	-28, +35	
1659	+24; +29; -13; -; -40 +33; +13; -1; -; -44	(Harpalus A)	-27, +34	
1671	0; +25; -28; -15; +17 -7; +12; -16; +4; +7		-38, +7	
1703	(+209); -; 0; -; -1 (-51); -; -1; -; +2	Pythagoras A	--	
1755	(+78; -;(-108); -77; (-61) +30; -; (-3); -28; (-75)		--	Fundamentalpunkt bei Franz(aber sehr unsicher)
1814	+19; -11; -26; +17; +1 - 6; - 2; +17; - 5; -3		-45, -12	
1832	+25; -7; -4; +19; -33 +31; -5; +8; -17; -15		-21, + 2	
1833	+14; -31; -29; +51; -7 +16; -3; +40; -37; -18		-39, -38	
1843	- 1; -65; +72;+31,-12;+24;-37 +33; +68, -26;-46,-8;+6;-35		-13, -69	
1977	+12;+5;+26; +13; -56 -11;-18;+9; +16; +4		--	
1992	-11; + 7; + 4; -; - +11; - 34; +23; -; -	Damoiseau e	-30, -84	
2047	-; -; -; +10; -16 -; -; -; + 2; -3		--	Fundamentalpunkt bei Franz (hier kein Fundamentalpunkt)
2088	-31; -; +12; +20; - -27; -; -7; +35; -	Sirsalis f	-30, -28	

IAU Nr.	Formation	Franz Nr.	Saunder Nr.	ξ	η	ζ	λ	β	h in km	Gew. Verh.
2127	Billy	19	—	−0,74414±15	−0,23826±9	+0,6221±9	−50,10°	−13,80°	−2,2±1,0	3
2151	Mersenius C	94	29	−0,67581±12	−0,33735±13	+0,6553±10	−45,88	−19,72	−0,1±1,1	1
2157b	Mersenius S	93	—	−0,68997±11	−0,32819±7	+0,6441±7	−46,97	−19,17	−1,2±0,8	3
2201	Palmieri A	46	—	−0,63283±12	−0,53314±7	+0,5606±7	−48,46	−32,24	−0,9±0,7	3
2330	Drebbel	39	62	−0,57028±13	−0,65432±13	+0,4945±12	−49,07	−40,92	−1,8±1,0	1
2366a	Vitello ∫	148	85	−0,52320±10	−0,50413±10	+0,6864±9	−37,32	−30,29	−0,8±1,1	1
2390	Gassendi α	52	—	−0,65э,5±19	−0,31559±19	+0,6867±16	−43,59	−18,41	−1,3±1,9	1
2396	Gassendi ∫	55	34	−0,65181±12	−0,28235±7	+0,7038±7	−42,80	−16,40	−0,1±0,9	3
2417	Gassendi G	54	31	−0,67184±16	−0,28730±16	+0,6835±13	−44,51	−16,69	+0,9±1,6	1
2419	Gassendi J	88	67	−0,55919±11	−0,36736±11	+0,7437±9	−36,94	−21,54	+0,6±4,2	1
2425	Herigonius	53	74	−0,54247±14	−0,23015±7	+0,8090±8	−33,84	−13,29	+1,5±1,1	3
2443	Flamsteed	45	25	−0,69529±11	−0,07759±6	+0,7138±6	−44,25	− 4,45	−0,9±0,8	3
2461	Euklid	42	113	−0,48771±22	−0,12813±10	+0,8632±11	−29,47	− 7,36	−0,5±1,6	3
2481	Landsberg A	77	88	−0,51637±17	+0,00365±10	+0,8578±10	−31,05	+ 0,21	+2,1±1,5	3
2485	Landsberg E	—	100	−0,50386	−0,03126	+0,8632	−30,27	− 1,79		
2491	Agatharchides A	65	158	−0,43644±10	−0,39417±10	+0,8101±8	−28,31	−23,19	+1,8±1,1	1
2525	Campanus Zentralbg.	27	—	−0,41085±12	−0,46828±7	+0,7826±7	−27,70	−27,91	+0,5±1,0	3
2738	Heinsius A	61	636	−0,23130±18	−0,63787±18	+0,7326±15	−17,52	−39,70	−2,5±1,9	1
2777	Hesiod A	64	568	−0,25310±15	−0,50095±15	+0,8255±13	−17,05	−30,12	−3,1±1,9	1
2831	Darney	81	217	−0,38573±13	−0,25132±7	+0,8886±7	−23,47	−14,54	+1,4±1,1	3
2855	Guericke B	56	562	−0,25428±8	−0,25094±4	+0,9335±4	−15,24	−14,54	−0,8±0,6	3
2856	Guericke C	57	753	−0,19580±17	−0,19982±9	+0,9606±9	−11,52	−11,52	+0,9±1,5	3
2880	Parry A	105	492	−0,27079±6	−0,16479±4	+0,9488±4	−15,93	− 9,48	+0,6±0,6	3
2917	Lalande	73	888	−0,14877±18	−0,07735±12	+0,9886±11	− 8,56	− 4,42	+4,7±1,9	3
2913	Lalande A	74	826	−0,16857±10	−0,11508±11	+0,9803±8	− 9,76	− 6,60	+2,3±1,4	3
2920	Lalande C	75	977	−0,11914±6	−0,09710±5	+0,9886±5	− 6,87	− 5,57	+0,8±0,9	1
2922	Turner	51	649	−0,22824±9	−0,02390±5	+0,9726±5	−13,21	− 1,37	−1,2±0,9	3
2932	Mösting	99	1033	−0,10155±7	−0,01161±4	+0,9966±4	− 5,82	− 0,66	+3,2±0,7	3
2933	Mösting A	100	1068	−0,08992±2	−0,05551±1	+0,9952±2	− 5,16	− 3,18	+1,4±0,4	3
2935	Mösting C	101	913	−0,14010±16	−0,03108±16	+0,9904±14	− 8,05	− 1,78	+1,3±2,4	1
2947	Herschel C	63	1179	−0,05496±12	−0,08687±12	+0,9966±8	− 3,16	− 4,97	+3,3±1,4	1
2950a	Flammarion A	102	1214	−0,04311±17	−0,03380±11	+0,9999±10	− 2,47	± 1,93	+2,4±1,7	3
2963	Ptolemaeus A	118	1306	−0,01380±10	−0,14760±10	+0,9886±9	− 0,80	− 8,49	−0,6±1,5	1
2995	Alphonsus α	8	—	−0,04578±15	−0,23035±8	+0,9738±8	− 2,69	−13,29	+3,0±1,4	3
3004	Davy A	35	941	−0,13113±7	−0,21106±7	+0,9682±6	− 7,71	−12,19	−0,7±1,0	3
3055	Nicollet	141	741	−0,19970±6	−0,37272±6	+0,9055±5	−12,44	−21,90	−1,1±0,8	3
3063	Birt	140	921	−0,13732±10	−0,37963±10	+0,9145±8	− 8,54	−22,32	−0,6±1,3	1
3071	Thebit A	139	1104	−0,07943±8	−0,36715±5	+0,9268±5	− 4,90	−21,54	+0,1±0,8	3
3182	Tycho Zentralbg.	1029	908	−0,14221±13	−0,68697±8	+0,7102±9	−11,32	−43,48	−3,0±1,1	3

Neureduktion der 150 Mondpunkte

IAU Nr.	Restfehler	Bezeichnung bei J.Franz	Saunder -neuer Ort	Anmerkungen
2127	{-29; -16; +18; +48; -20 +17; +19; -25; 0; -9		--	
2151	{+28; +6; -16; -5; -11 +5; -30; +48; -17; -4		-19, -84	
2157b	{+31; -37; -11; +11; +6 -13; -2; +3; -6; +20	Mersenius anon	--	
2201	{-22; +62, +35; -12; +7; -19 +14; -8, -23; +1; +4; -2	Fourier A	--	
2330	{-8,-38;(+14),(-2);+14;+5;+6 -53,-4;(+150),(+135);-3;+28;+2		+16, -110	
2366a	{(+101); -; -10; +13; -4 (-49); -; -11, -5; +15	Vitello	-98, -63	
2390	{+11; +59,+47;-42;(-112),+18;-41 +60;-10,-20;+9;(+161)-10;-44	Gassendi A	--	
2396	{+48;-8; -12; +15; -30 +8; -18; +17; -4; +4	Gassendi z	-33, -66	Fundamentalpunkt
2417	{+47; +22; -23; -36; -12 -4; -40; +49; -16; +11		-4, -80	
2419	{+29; -1; -9; -4;(+73),-13 +29; -15; +31; -30;(-61), -15	(Mare Humo- rum J)	-26, -65	
2425	{+31; -58, -37; +40; -16; -10 -15; 0, -5; +12; +2; +5	Gassendi D	-58, -43	
2443	{+19; -15; +27; +5; -36 +6; -14; +10; 0; -4		-29, -55	
2461	{+44; -60; +42; +29; -54 -5; -17; +21; -1; +2		-56, -32	
2481	{+45; +7; -25; -17; -8 +17; -; +14; -17; -13		- 5, -50	
2485			-10, -62	nur eine Messung außerhalb d.Programms, daher h=0 gesetzt
2491	{+32; -16; +14; -18; -14 +30; +3; -4; -29; -2	(Hippalus A)	-58, -48	
2525	{+10; -25; +26; -17; +4 -6; -8; +18; -1; -2		--	
2738	{-34; -18; +57; +26;(-96),-29 +22; -63; +3; +23;(+56), +17	Heinsius a	-16; -58	
2777	{-27; +9; +6; -35; +48 -26; -37; +15; +9; +39		+5, -32	
2831	{+41, +30; -12; +11; +13; -49 -7; +25; 0; -14; -5; +11	Lubiniezky B	-41, -39	
2855	{+28; -25; -1; +5; -5 + 8; -2; +5; -12; +1		-58, -50	
2856	{+2; +35; +9; +14; -59 +32; -12; +1; -3; -19		- 7, -33	
2880	{+4; -14; +18; -7; -3 +11; -11; +5; -6; +2		-12, -35	
2917	{+19; -32; +26; + 31; -42 - 8; +29; +8; +13; -40		-45, -10	
2918	{+1; +2; +4; -4; -4 +9; -44; +15; -8; +27		- 3, -22	
2920	{+ 5; 0; -5; -1; (+45) -12; -2; +7; +4; +5	Lalande D	-21, -17	
2922	{- 8; -23; +4; +25; 0 - 6; -15; +12; 0; +9	Gambert E	-17, -20	
2932	{+ 5; -25; +23; +6; -9 - 1; +3; -8; -2; +7		-30, -10	
2933	{-22; 0; +1; +13; +1 -25; +5; -2; +3; +3		- 6, -37	Allererster Fundamentalpunkt
2935	{+52; -19; +4; -19; -18 -47; -24; +39; 0; +34	Mösting c	-40, -28	
2947	{+14; -18; +10; +2; -7 -14; -29; +38; -2; +8		0, -27	
2950a	{+32; +19; 0; -51; +2 -27; +3; +28; +15; -21	Mösting ∫	+ 6, + 1	
2963	{+ 9; +19; +12; -26; -15 -10; -36; +12; +20; +15		- 1, -26	
2995	+37, -53; +16; +24; -26	Alphonsus A	--	
3004	{- 8; +3; -9; -5; +17 + 5; +2; +2; +16; -23		+ 5, -43	
3055	{+25; -16; +4; -5; -8 + 9; -11; +16; -13; -2	(Thebit C)	-28, -36	
3063	{- 3; -15; -2; -4; +23 -13, -6; +16; +6; -8; -3	Thebit B	-10, -35	
3071	{-26, -36; -23; -7; +28; +33 +18; +2; +16; -20; -17		+37, -59	
3182	-10; +8; +4; +10; -11		+ 1, +116	Fundamentalpunkt bei Hayn

IAU Nr.	Formation	Franz Nr.	Saunder Nr.	ξ	η	ζ	λ	β	h in km	Gew. Verh.
3212	Maginus H	85	1020	-0,10622±31	-0,79262±18	+0,6027±17	-10,00°	-52,33°	+2,4±1,8	3
3485a	Werner D	150	1520	+0,05053±10	-0,45468±10	+0,8901±9	+ 3,25	-27,02	+1,4±1,3	1
3550	Airy A	4	1769	+0,12781±9	-0,29237±10	+0,9484±8	+ 7,68	-16,99	+1,1±1,3	1
3570	Argelander D	5	1599	+0,07453±8	-0,30232±8	+0,9519±6	+ 4,48	-17,57	+2,7±1,0	1
3606	Hipparchus C	66	1823	+0,14208±14	-0,12837±8	+0,9845±8	+ 8,21	- 7,35	+5,1±1,4	3
3607	E.Pickering	67	1753	+0,12187±11	-0,04969±11	+0,9933±9	+ 6,99	- 2,84	+3,4±1,6	1
3609	Hipparchus G	68	1772	+0,12878±6	-0,08704±6	+0,9898±5	+ 7,41	- 4,98	+3,4±0,9	1
3648	Theon Senior	143	2258	+0,26595±20	-0,01358±20	+0,9663±16	+15,39	- 0,78	+4,0±2,7	1
3651	Theon Junior	142	2275	+0,27257±24	-0,04145±24	+0,9625±20	+15,81	- 2,37	+2,1±3,4	1
3667	Moltke	70	2642	+0,40941±12	-0,00982±9	+0,9103±8	+24,22	- 0,56	-3,2±1,3	3
3680	Alfraganus	6	2421	+0,32424±11	-0,09412±6	+0,9426±6	+18,98	- 5,39	+2,2±1,0	3
3683	Alfraganus C	7	2370	+0,30915±10	-0,10616±10	+0,9466±8	+18,09	- 6,09	+2,5±1,3	1
3736	Abulfeda A	1	1955	+0,17942±10	-0,28223±6	+0,9430±6	+10,77	-16,38	+1,0±1,0	3
3741	Abulfeda E	3	1920	+0,16882±10	-0,28788±10	+0,9418±8	+10,16	-16,75	-1,4±1,3	1
3744	Abulfeda F	2	2084	+0,21778±8	-0,27838±5	+0,9370±5	+13,08	-16,14	+2,5±0,8	3
3779	Abenezra A	111	----	+0,16741±26	-0,38703±15	+0,9096±15	+10,43	-22,71	+4,5±2,4	3
3780	Abenezra B	14	1899	+0,16377±13	-0,35477±8	+0,9222±8	+10,07	-20,75	+2,7±1,3	3
3791	Sacrobosco C	125	2204	+0,25139±12	-0,38997±7	+0,8855±7	+15,85	-22,96	-0,5±1,1	3
3845	Büsching E	25	2215	+0,25324±10	-0,59698±12	+0,7608±9	+18,41	-36,67	-0,6±1,2	1
4004	Nicolai A	103	2341	+0,29560±8	-0,67436±5	+0,6752±5	+23,64	-42,46	-1,7±0,6	3
4078	Piccolomini D	108	2736	+0,47654±40	-0,45246±43	+0,7538	+32,30	-26,90		1
4083	Piccolomini M	109	2731	+0,46724±20	-0,46722±21	+0,7506	+31,90	-27,85		1
4083a	Piccolomini K	110	2705	+0,44684±22	-0,43317±23	+0,7828	+29,72	-25,67		1
4083b	Piccolomini L	107	2757	+0,49895±9	-0,43982±9	+0,7467±8	+33,75	-26,09	0,0±1,0	1
4098	Fons B	115	2373	+0,31097±13	-0,48072±8	+0,8210±8	+20,75	-28,70	+1,6±1,1	3
4108	Polybius A	47	2689	+0,43230±25	-0,39077±15	+0,8112±14	+28,05	-23,03	-2,1±2,0	3
4109	Polybius B	114	2607	+0,38911±8	-0,43084±8	+0,8156±6	+25,51	-25,49	+1,9±0,9	1
4143	Rosse	89	2804	+0,54495±14	-0,30644±15	+0,7820±12	+34,87	-17,82	+2,1±1,6	1
4158	Beaumont D	15	2665	+0,42194±9	-0,29298±9	+0,8599±7	+26,14	-17,01	+2,9±1,0	1
4235	Censorinus	31	2795	+0,53940±20	-0,00680±12	+0,8403±12	+32,70	- 0,39	-2,5±1,8	3
4254	Messier	95	2867	+0,73803±11	-0,03262±6	+0,6725±6	+47,66	- 1,87	-1,7±0,7	3
4255	W.H.Pickering	96	2866	+0,72977±12	-0,03471±7	+0,6813±7	+46,97	- 1,99	-1,8±0,9	3
4258a	Messier G	97	--	+0,79320±12	-0,09376±12	+0,6005±10	+52,87	- 5,38	-1,3±1,1	1
4286	Isidorus D	28	2813	+0,55869±8	-0,07399±8	+0,8251±7	+34,10	- 4,25	-1,4±1,0	1
4312	Gutenberg A	58	2851	+0,63398±8	-0,15633±5	+0,7579±5	+39,91	- 8,99	+0,7±0,7	3
4338	Bellot	84	--	+0,72780±16	-0,21511±16	+0,6505±13	+48,21	-12,43	-0,8±1,5	1
4488	Janssen K	44	2727	+0,46572±8	-0,71989±5	+0,5111±4	+42,34	-46,15	-3,2±0,4	3
4690	Langrenus M	78	2884	+0,90289±17	-0,16964±17	+0,3937±17	+66,44	- 9,77	-0,9±1,2	1

Neureduktion der 150 Mondpunkte

IAU Nr.	Restfehler	Bezeichnung bei J.Franz	Saunder -neuer Ort	Anmerkungen
3212	−54; +87; +4; −38; (−164) +24; −42; +12; +6; (+31)		+37, −44	
3485a	+11; −12; −12; +33; −18 +20; −25; +15; −23; +14	Werner, nördl. Randfleck (Randberg)	0, −75	
3550	−22; +5; +17; 0; +1 +19; −42; +4; +3; +16		+ 7, −37	
3570	−6; +13; −24; +12; +4 +3; −25; +11; −7; +18	(Airy Randkr) Perrot D	− 6, −48	
3606	+37; −15; +22; −27; −18 −19; −14; +14; +5; +13		+25, −34	
3607	+32; −30; +9; +5; +6; −16 −38; +10; +14; +5; +4; +9	Hipparch E	+22, −34	
3609	+14; −8; +2; −9; −1 +5; −15; +8; −15; +15		+11, −47	
3648	−1; −54; +59; −12; +8 −25; −52; +21; −1; +55		+36, −35	
3651	+53; −75; +15; +12; −7 −60; +4; −5; −25; +85		+ 1, −30	
3667	+22; +24; −26; −1; −20 −12; −24; +12; +3; +19	Hypatia B	+21, −13	
3680	+23; −38; +18; +3; −7 −5; −14; +11; −5; +14		− 2, −35	
3683	+10; + 7; −3; +2; −17 +36; −24; +23; −17; −16	Alfraganus c	+20, −24	
3736	+16; +9; +8; +2; −37 +19; +4; −11; −4; −8		+25, −38	
3741	((+46); +1; −7; +6; 0 ((+97); −24; −3; −7; +34	Abulfeda e	+36, −36	
3744	−6; −21; +34; −6; 0 −2; −2; −11; +2; +12	Abulfeda b	+28, −43	
3779	+65; +20; −117; −64; +58; −1;−8 +8, −33,−14,−32;+2;−13;+44	Abenezra a (Playfair)	—	
3780	+12; −56,−32; +7; +11; +16 −20; −13, −13; +23; 0; +9	Abenezra b (Azophi A)	+ 7, −39	
3791	+25; −16; +26; −32; −1 −11; +13; −10; −8	Sacrobosco e	+ 8, −32	
3845	−7; +2; −15; +14; +7 −40; −1; −11; +13; +39	Büsching e	+17, −53	
4004	−42; −12; +29; 0; +27 −4; −7; −2; +5; +9		+32, −28	Fundamentalpunkt
4078	−; −; −52; −; +60 −; −; −5; −; −1	Piccolomini II	− 7, −33	bei diesen wurde h=0 gesetzt, da sonst die Lösung zu unbestimmt gewesen wäre.
4083	−; −; +7; −; −9 −; −; +29; −; −27	Piccolomini III	−27, −45	
4083a	−; −; −28; −; +29 −; −; −12; −; +10	Piccolomini IV	+48, −20	
4083b	−8; −17; +5; −11; +31 +9; −14; +6; −25; +25	Piccolomini I	+47, −31	
4098	+15; −33; +17; −20; +20 +3; +19; −23; −11; +13	Pons b (Pons c)	+42, −46	
4108	(+8); −56; −; +35; +22 (−130); +8; −; −13; +6	(Fracastor d)	+16, −26	
4109	−11; −6; +17; −7; +9 −5; −17; −12; +2; +33		+45, −36	
4143	−20; −30; +25; +26; −3 −36; −22; −10; +19; +49	(Mare Nectaris E)	+39, −82	
4158	+1; −27; −1; +12; +14 +17; +9; +10; −31; −7	(Beaumont A)	+24, −53	
4235	((+163),+73; −66; −5; +5; −6 ((−76),+2; −1; +32; −21; −10		+49, −14	
4254	+48; −32; −8; −4; −6 −9; +5; +13; −6; −2		+42, −14	
4255	+61; −66; −1; +9; −36 +3; −13; +27; −24; −5	Messier A	+12, − 9	Fundamentalpunkt bei Hayn (hier mitverwendet)
4258a	+31; −28; −12; −26; +4; +13 −23; +15,−2; +5; −28; +38	Messier anon	—	
4286	+13; −9; −6; −16; +18 −32; +12; +4; −3; +20	Capella D	+9, −17	
4312	+12; +4; −19; −19; +21 +2; −9; +7; −11; +10	Guttenberg A	+18, −32	
4338	−25; +1, −7; +10; −9; +26 −19; −39; −63; +29; +8; +31	Magalhaens c	—	
4488	(−50); −6; +13; −14; +4 (−92); +18; −12; +2; −9	Fabricius K	+28, − 1	Fundamentalpunkt
4690	+15; −; −20; −; +6 −33; −; +1; −; +32	Langrenus h'	+13, −14	

Petri W.: Katalog der galaktozentrischen Bahnelemente von 353 Sternen der Sonnenumgebung S 12.—
Schrutka-Rechtenstamm G.: Relative Höhenbestimmungen auf dem Monde mittels des Pariser Mondatlasses und visueller Messungen am Fernrohr. S 30.—
Schütte K.: Galaktozentrische Bahnelemente von 1026 Fixsternen in der nächsten Umgebung der Sonne (Teil IV u. V) (mit 4 Abbildungen). S 26.90
Widorn Th.: Lichtelektrische Beobachtungen am 33-cm-Astrographen der Universitätssternwarte Wien (mit 2 Abbildungen). S 10.90

1955 (S II, Bd. 164):

Ferrari d'Occhieppo K.: Direkte Relationen zwischen ekliptikalen, galaktischen und azimutalen Koordinaten. S 39.50
Ferrari d'Occhieppo K.: Die Massen der Delta Cephei- und RR-Lyrae-Sterne (mit 1 Abbildung). S 7.—
Franz O.: Strahlungsenergetische Parallaxen von 400 Doppelsternen (mit 8 Abbildungen). S 90.40
Haupt H.: Eine ungewöhnliche Spektralaufnahme einer Protuberanz am Koronographen (mit 2 Abbildungen). S 5.90
Hopmann J.: Zur Statistik der visuellen Doppelsterne. S 32.—
Schrutka-Rechtenstamm G.: Zur Physischen Libration des Mondes. S 78.—

MIX
Papier aus verantwortungsvollen Quellen
Paper from responsible sources
FSC® C105338

If you have any concerns about our products,
you can contact us on
ProductSafety@springernature.com

In case Publisher is established outside the EU,
the EU authorized representative is:
**Springer Nature Customer Service Center GmbH
Europaplatz 3, 69115 Heidelberg, Germany**

Printed by Libri Plureos GmbH
in Hamburg, Germany